国家出版基金项目
NATIONAL PUBLICATION FOUNDATION

涡轮机械与推进系统出版项目

"两机"专项：航空发动机技术出版工程

涡扇发动机适航：
术语与定义

杨　坤　侯乃先　白国娟　郑李鹏　等 编

科　学　出　版　社

北　京

内 容 简 介

涡扇发动机是当前民用航空运输类飞机动力的绝对主力，具有很高的安全性和经济性。适航是涡扇发动机进入民用市场的门槛，也是涡扇发动机需达到的最低安全标准。适航具有一定的专业性，包括适航管理、适航技术及相对应的适航标准，涵盖性能、强度、气动、控制等多个技术领域。本书搜集了涡扇发动机全生命周期（重点在适航取证过程）中所涉及的相关专业术语，并对每个术语给出中文、英文、英文缩写（如有）和中文定义，以便于从事涡扇发动机适航相关工作的技术人员理解。

本书主要面向我国涡扇发动机研制单位设计人员和民航适航审定人员，可以作为设计中的工具书，也可以为高等院校航空发动机和适航专业的相关师生提供参考。

图书在版编目（CIP）数据

涡扇发动机适航：术语与定义 / 杨坤等编. —北京：科学出版社，2020.7
国家出版基金项目　涡轮机械与推进系统出版项目
"两机"专项：航空发动机技术出版工程
ISBN 978－7－03－065346－8

Ⅰ.①涡…　Ⅱ.①杨…　Ⅲ.①民用飞机－透平风扇发动机　Ⅳ.①V235.13

中国版本图书馆 CIP 数据核字（2020）第 096493 号

责任编辑：徐杨峰 / 责任校对：谭宏宇
责任印制：黄晓鸣 / 封面设计：殷　靓

科 学 出 版 社 出版
北京东黄城根北街 16 号
邮政编码：100717
http://www.sciencep.com

南京展望文化发展有限公司排版
苏州市越洋印刷有限公司印刷
科学出版社发行　各地新华书店经销

*

2020 年 7 月第 一 版　开本：B5（720×1000）
2020 年 7 月第一次印刷　印张：9 1/2
字数：150 000

定价：**90.00 元**
（如有印装质量问题，我社负责调换）

涡轮机械与推进系统出版项目
顾问委员会

"两机"专项：航空发动机技术出版工程
编写委员会

主任委员
尹泽勇

副主任委员
李应红　刘廷毅

委　员
（以姓名笔画为序）

丁水汀	王太明	王占学	王健平	尤延铖
尹泽勇	帅　永	宁　勇	朱俊强	向传国
刘　建	刘廷毅	杜朝辉	李应红	李建榕
杨　晖	杨鲁峰	吴文生	吴施志	吴联合
吴锦武	何国强	宋迎东	张　健	张玉金
张利明	陈保东	陈雪峰	叔　伟	周　明
郑　耀	夏峥嵘	徐超群	凌文辉	郭　昕
陶　智	崔海涛	曾海军	戴圣龙	

秘书组
组　长　朱大明
成　员　晏武英　沙绍智

"两机"专项：航空发动机技术出版工程
基础与综合系列
编写委员会

主 编

曾海军

副主编

李兴无　胡晓煜　丁水汀

委 员

（以姓名笔画为序）

丁水汀	王 乐	王 鹏	王文耀	王春晓
王巍巍	方 隽	尹家录	白国娟	刘永泉
刘红霞	刘殿春	汤先萍	孙杨慧	孙明霞
孙振宇	李 龙	李 茜	李中祥	李兴无
李校培	杨 坤	杨博文	吴 帆	何宛文
张 娜	张玉金	张世福	张滟滋	陈 楠
陈小丽	陈玉洁	陈婧怡	欧永钢	周 军
郑天慧	郑冰雷	项 飞	赵诗棋	郝燕平
胡晓煜	钟 滔	侯乃先	泰樱芝	高海红
黄 飞	黄 博	黄干明	黄维娜	崔艳林
梁春华	蒋 平	鲁劲松	曾海军	曾海霞
蔚夺魁				

涡扇发动机适航：术语与定义
编写委员会

主　编

杨　坤

参编人员

侯乃先　白国娟　郑李鹏
王星星　佘云峰　余　放

涡轮机械与推进系统出版项目

序

涡轮机械与推进系统涉及航空发动机、航天推进系统、燃气轮机等高端装备。其中每一种装备技术的突破都令国人激动、振奋,但是由于技术上的鸿沟,使得国人一直为之魂牵梦绕。对于所有从事该领域的工作者,如何跨越技术鸿沟,这是历史赋予的使命和挑战。

动力系统作为航空、航天、舰船和能源工业的"心脏",是一个国家科技、工业和国防实力的重要标志。我国也从最初的跟随仿制,向着独立设计制造发展。其中有些技术已与国外先进水平相当,但由于受到基础研究和条件等种种限制,在某些领域与世界先进水平仍有一定的差距。为此,国家决策实施"航空发动机及燃气轮机"重大专项。在此背景下,出版一套反映国际先进水平、体现国内最新研究成果的丛书,既切合国家发展战略,又有益于我国涡轮机械与推进系统基础研究和学术水平的提升。"涡轮机械与推进系统出版项目"主要涉及航空发动机、航天推进系统、燃气轮机以及相应的基础研究。图书种类分为专著、译著、教材和工具书等,内容包括领域内专家目前所应用的理论方法和取得的技术成果,也包括来自一线设计人员的实践成果。

"涡轮机械与推进系统出版项目"分为四个方向:航空发动机技术、航天推进技术、燃气轮机技术和基础研究。出版项目分别由科学出版社和浙江大学出版社出版。

出版项目凝结了国内外该领域科研与教学人员的智慧和成果,具有较强的系统性、实用性、前沿性,既可作为实际工作的指导用书,也可作为相关专业人员的参考用书。希望出版项目能够促进该领域的人才培养和技术发展,特别是为航空发动机及燃气轮机的研究提供借鉴。

张彦仲

2019 年 3 月

"两机"专项：航空发动机技术出版工程

序

航空发动机誉称工业皇冠之明珠，实乃科技强国之重器。

几十年来，我国航空发动机技术、产品及产业经历了从无到有、从小到大的艰难发展历程，取得了显著成绩。在世界新一轮科技革命和产业变革同我国转变发展方式的历史交汇期，国家决策实施"航空发动机和燃气轮机"重大科技专项（即"两机"专项），产学研用各界无不为之振奋。

迄今，"两机"专项实施已逾三年。科学出版社申请国家出版基金，安排"'两机'专项：航空发动机技术出版工程"，确为明智之举。

本出版工程旨在总结"两机"专项以及之前工作中工程、科研、教学的优秀成果，侧重于满足航空发动机工程技术人员的需求，尤其是从学生到工程师过渡阶段的需求，借此为扩大我国航空发动机卓越工程师队伍略尽绵力。本出版工程包括设计、试验、基础与综合、材料、制造、运营共六个系列，前三个系列已从2018年起开始前期工作，后三个系列拟于2020年启动，希望与"两机"专项工作同步。

对于本出版工程，各级领导十分关注，专家委员会不时指导，编委会成员尽心尽力，出版社诸君敬业把关，各位作者更是日无暇晷、研教著述。同道中人共同努力，方使本出版工程得以顺利开展，有望如期完成。

希望本出版工程对我国航空发动机自主创新发展有所裨益。受能力及时间所限，当有疏误，恭请斧正。

2019 年 5 月

前　言

　　"航空发动机和燃气轮机"重大科技专项(即"两机"专项)正在如火如荼地开展,作为"两机"专项重要的组成部分,我国涡扇发动机研制工作获得了一定进展,设计、试制和试车工作正在紧锣密鼓地开展。

　　适航性是民用航空产品在预期的运行环境和使用条件限制下具有安全性和结构完整性的一种品质,是民用航空产品进入市场的门槛。我国的适航基础薄弱,整个适航体系参考美国的适航体系。随着民用航空业的蓬勃发展,我国的适航工作取得了很多里程碑成就,如 ARJ21 支线运输飞机、新舟 60 支线飞机和 WZ - 16 涡轴发动机等航空产品获得民航局颁发的型号合格证(TC)。目前,大涵道民用涡扇发动机 CJ - 1000A 已经提交型号合格证申请,并获得民航局受理,民用涡扇发动机适航审定工作开始进入实质审查阶段。

　　中国航发商用航空发动机有限责任公司(以下简称"中国航发商发")作为CJ - 1000A 的总承制单位,在型号研制的同时,开展了适航技术和适航管理方面的大量前期工作,研究技术内涵并积极与局方对接和交流,结合型号研制经验,查阅相关的咨询通告(AC)、可接受的符合性方法(AMC)以及 SAE 标准和其他相关的技术标准和科技文献,形成了与涡扇发动机相关的 CCAR - 33 部和CCAR - 36 部条款的适航参考资料。这些适航参考资料积累过程中遇到了很多与涡扇发动机相关的专业术语,其中一些是我国适航法规里规定的术语,一些是依据 AC 或 AMC 等资料给出的专业术语翻译,还有一些是适航技术研究过程中所使用到的专业术语。本书对此进行了较系统的整理。

　　在本书的编写过程中,除封面署名作者外,王星星、佘云峰、余放等也参与了书稿的编写工作,江有为、倪晓琴等参与了书稿的校对工作。

　　在此,特别感谢中国航发商发适航总师曾海军副总经理,他对本书提出了大量中肯的意见和修改建议。另外,在本书编写过程中,得到了公司各级领导和同事的大力支持和无私帮助,在此表示感谢。

　　书中如存在不妥之处,衷心希望读者批评指正。

杨　坤

2020 年 4 月

目　录

A

安全
safety

风险低于边界风险的状态。边界风险是可接受风险的上限,对于一个技术过程或状态,它是特定的。

安全保障合作计划
partner for safety plan, PSP

为了在型号合格审定过程中达到相互合作、工作高效、确保航空器安全性的目的,中国民用航空局或责任审定单位与型号合格证或型号设计批准书申请人共同签订的一份合作协议,通过实施该计划,责任审定单位、责任审查部门和型号合格证或型号设计批准书申请人将通过关注涉及民用航空器安全的重要问题,又好又快地完成型号合格审定进程。

安全保证
security assurance

为确保安全要素的安全功能达到要求的安全性目标所采取的方法和措施。

安全阀
safety valve

又称排气阀。压力高于调定值时,能自动卸压的阀门。

安全管理系统
safety management system

管理安全的系统性方法,包括必要的组织架构、岗位职责、政策和程序。

安全寿命
safe life

建立在循环疲劳基础上的限寿件设计、制造、验证和维护过程,以确定规定的使用寿命或寿命限制,可用飞行循环或运行小时中任意一个或同时用两者来表明。"安全寿命"要求零部件在到达不安全状态(即裂纹萌生)前即被拆除。安全寿命只用于将裂纹萌生定义为使用寿命限制的零部件,例如转子件。

安全寿命设计
safe life design

又称无裂纹寿命设计。要求飞机

承力结构任何部分在使用寿命期内不出现疲劳破坏(即不出现宏观可测裂纹)的一种设计概念。

安全系数
factor of safety

考虑载荷大于假定值的可能性及设计和制造中的不确定性而采用的设计系数。

安全性
safety

产品所具有的避免人员伤亡、飞机/系统毁坏、重大财产损失或不危及人员健康和环境的能力。

安全性大纲
safety program

在产品全寿命周期内,用于确保安全性要求得以及时而有效地实现的工作或活动。

安全裕度
safety margin

又称剩余强度系数。结构或构件的破坏载荷(应力)与设计载荷(应力)的比值。

安装节
mount

将发动机牢固可靠地固定到飞机机体上的装置。

安装燃油消耗率
specific fuel consumption installed, SFCIN

动力装置在安装条件下单位时间产生单位推力所消耗的燃油量。

安装系统
mounting system

安装系统是一种将发动机固定在飞机吊挂上以传递发动机推力的结构。安装系统包括前安装节、后安装节和推力拉杆。

A 基值
A-basis value

一个力学性能的限定值,在95%的置信度下,99%的性能数值群的最小值。

B

百分比湿度
percentage humidity

又称饱和度。湿空气的含湿量与同样温度和压力下饱和空气的含湿量之比,通常以百分数表示。

半物理仿真
semi-physical simulation

一部分使用物理模型(包括一部分实物),一部分使用数学模型所进行的仿真。

包容
containment

又称包容性。发动机转子叶片脱落导致的碎片不会穿透发动机结构,但可以从发动机进口或排气口飞出。

饱和
saturation

水和水蒸气处于稳定平衡的共存状态。

饱和温度
saturated temperature

饱和状态下液体和蒸气的温度。

饱和压力
saturated pressure

饱和状态下液体和蒸气的压力。

报废
discard task

产品在达到规定的寿命极限时退出使用。

报警信号
alarm signal

火灾报警装置接到火灾信息后发出的声、光信号。

爆破
burst

零部件失效或破裂,导致高压流体(气体或液体)瞬间泄漏。

爆破压力
burst pressure

又称破坏压力。可连续加到系统或附件上验证分系统完整性的压力,即系统或附件必须承受而又不被破坏的试验压力。在爆破压力下,分系统及附件无永久变形和泄露。

备份
standby

故障检测-校正系统中通常处于正常状态的不工作通道或装置。一旦主动的工作通道出现故障,该通道能被切换到工作状态。

备份控制模式
backup mode

不同于双通道切换的任何备份方法属于备份控制模式,双通道中使用切换通道的方法并不属于备份模式。

备份系统
backup system

属于控制系统的一部分,并且操作特性或控制能力与主系统有很大区别。在备份系统工作情况下,飞机的操作特性、机组负荷或者机组程序都可能有很大的影响或改变。

备降
alternate

当飞机不能或不宜飞往预定着陆机场或在该机场着陆时,降落在其他机场,就称为备降。发生备降的原因很多,主要有航路交通管制、天气状况不佳、预定着陆机场不接收或飞机发生故障等。

备降机场
alternate airport

当飞机不能或不宜飞往预定着陆机场或在该机场着陆时,可以飞往的另一具备必要的服务与设施、可满足飞机性能要求及在预期使用时间可以运行的机场。备降机场包括起飞备降机场、航路备降机场和目的地备降机场。起飞机场也可作为该次飞行的航路或目的地备降机场。

（1）起飞备降机场:是指当飞机在起飞后较短时间内需要着陆而又不能使用原起飞机场时,能够着陆的备降机场。

（2）航路备降机场:是指当飞机在航路中遇到不正常或者紧急情况后,能够着陆的备降机场。

（3）目的地备降机场:是指当飞机不能或者不宜在预定着陆机场着陆时能够着陆的备降机场。

本构方程
constitutive equation

又称物性方程。描述物质宏观物理性质的数学模型。

比热容

specific heat capacity

又称质量热容。单位质量的物体温度升高或降低 1 K 所吸收或放出的热量,称为该物体的比热容,用符号 c 表示,单位为 J/(kg·K)。

边界层

boundary layer

旧称附面层。大雷诺数(雷诺数远大于 1)情况下,黏性小的流体(如水或空气)沿固体壁面流动时,壁面附近受黏性显著影响的薄流层。

边界条件

boundary condition

未知函数在边界上所必须满足的条件。

边界元法

boundary element method

又称边界积分方程法。以边界积分方程为基础的一种数值方法:对于偏积分方程定解问题,利用格林公式及方程的基解或格林函数建立边界积分方程;其次将求解区域的边界划分为一组边界元;再将积分方程中的边界未知量离散,得到代数方程组并进行求解;最后利用格林第三公式计算区域内的近似数值解。

变形

deformation

物体在外载荷或温度、湿度等因素作用下各部分产生相对运动,由于位移不同而引起的形状的改变。

标准大气

standard atmosphere

按下列条件所定义的大气。

(1)空气是理想干燥的气体。

(2)其物理常数如下。

海平面平均摩尔质量:

$M_0 = 28.964\ 420 \times 10^{-3}$ kg/mol。

海平面大气压力:

$P_0 = 101\ 325$ Pa。

海平面温度:

$t_0 = 15℃$,$T_0 = 288.15$ K。

海平面大气密度:

$\rho_0 = 1.225\ 0$ kg/m^3。

冰点温度:

$T_i = 273.15$ K。

通用气体常数:

$R^* = 8.314\ 32$ J/(K·mol)。

(3)温度梯度见表 1。

表 1 温度梯度与重力势高度关系

重力势高度/km		温度梯度 /(K/km)
自	至	
−5.0	11.0	−6.5
11.0	20.0	0.0
20.0	32.0	+1.0
32.0	47.0	+2.8

续　表

重力势高度/km		温度梯度
自	至	/(K/km)
47.0	51.0	0.0
51.0	71.0	−2.8
71.0	80.0	−2.0

注：标准重力势的值为 9.806 65 m²/s²。

标准火焰
standard flame

由燃烧器产生的符合下列要求的火焰：温度为 1 100±80℃；热流量密度为 116±10 kW/m²。

标准及建议措施
standard and recommended practices and procedures, SARPs

标准：凡有关物理特征、结构、材料、性能、人员或程序的规格，其统一应用被认为对国际航行的安全或正常是必需的，各缔约国将按照公约予以遵守；如不可能遵照执行时，按照公约第三十八条，必须通知理事会。

建议措施：凡有关物理特征、结构、材料、性能、人员或程序的规格，其统一应用被认为对国际航行的安全、正常或效率是有利的，各缔约国将力求按照公约予以遵守。

标准件
standard part

指在完全符合国家标准或者行业规范的情况下生产的零部件，其中国家标准或者行业规范应当包含设计、生产和统一识别的要求，应当包括生产零部件和确保零部件制造符合性所需的所有信息，已经公开发布并且能够使得任何人都可以生产出该零部件。

标准流量
standard flow

标准状态下的体积流量，标准状态是指气压为 101.3 kPa、气温为 20℃ 的气体状态。

标准循环
standard cycle

标准循环包含发动机正常工作中遇到的最严重的应力-温度组合。关键部位的标准循环通过分析典型飞行剖面(一个或多个)确定，取大多数飞行剖面共有的主循环(用雨流法求出的飞行剖面的"0—最大—0"的循环称作主循环，其余为次循环)作为标准循环。通常各关键部位有各自的应力飞行剖面和标准循环。标准循环既是军用发动机关键件的寿命计量单位，也是军用和民用发动机关键件定寿试验安全循环寿命的共用单位。

冰雹
hail

固体颗粒状态的水，就发动机试

验而言,可以通过人工或自然产生。

冰雹水含量
hail water content

空气中以冰雹形式存在的水的含量,用"冰雹(g)/空气(m^3)"表示。

冰脱落周期
ice shed cycles

在给定的功率和结冰条件下,推进系统表面从聚积形成冰到冰脱落所需的时间。

伯努利方程
Bernoulli equation

反映理想流体运动中速度、压强(压力)等参数之间关系的方程,实质上体现了流体运动机械能量的守恒关系。

泊松比
Poisson's ratio

材料在轴向载荷作用下,在比例极限范围内,横向应变与纵向应变之比的绝对值,通常用 μ 表示。

补充型号合格证
supplemental type certificate, STC

任何人对经过批准的民用航空产品型号设计进行大改时由适航当局向申请人颁发的证明其型号大改符合适用的适航标准和适航当局确定的专用条件,或具有与原型号设计等同的安全水平,在运行中没有不安全的特征或特性的证件。

不安全状态
unsafe condition

危及飞机或乘客安全的任何一种状态。

不符合项
noncompliance

指在生产批准书持有人处发现的与中国民用航空规章、局方批准或认可的资料不一致的项目。在生产批准书持有人供应商处发现的与生产批准书持有人的采购订单/采购规范要求不一致的项目,应作为该生产批准书持有人的不符合项。

不可接受的功率或推力损失
unacceptable power or thrust loss

不可接受的功率或推力损失包括两种情况:一种情况是持续的功率或推力损失超过 3%,另一情况是推力或功率的下降超过 10%。

不可接受的机械损坏
unacceptable mechanical damage

雨、冰雹的吸入对发动机的结构等的损伤超过了发动机的损伤容限(维修手册的维修限制),由此导致发动机熄火、降转、发生持续或不可恢复的喘振或失速,或失去加速和减速的能力。

不可接受的推力振荡
unacceptable thrust oscillation

对于双发飞机,不可接受的推力振荡一般默认为推力振荡超过起飞推力的±5%(飞机制造商额外要求除外)。

不利的运行状态
adverse operating condition

一系列导致机组人员工作负担大大增加的故障,或与其他的紧急情况相结合,且作用于飞机的环境因素或运行的状态。

不利影响
adverse effect

导致飞机、系统或子系统出现不期望运行状态的系统响应。

不平衡设计分数
imbalance design fraction, IDF

设计时采用的不平衡质量与试验得到的不平衡质量的比值,该试验通常是表明对 CCAR 33.94 的符合性,在红线转速下,单独一个涡轮、压气机和风扇叶片完全脱落。

部件
component

为系统运行所需的、执行特定功能的任何自包容性零件、零件组合、组件或装置。

部件维修手册
component maintenance manual, CMM

其主要内容包括各设备或组件的说明、使用、试验和故障分析程序、拆卸、清洗、检查、修理和装配前后顺序排列的图解零件目录等。

B 基值
B-basis value

一个力学性能的限定值,在 95% 的置信度下,90% 的性能数值群的最小值。

C

材料

material

金属、非金属材料或复合材料（包括锻件、铸件、板材、棒材等），这些材料会全部或部分地存在于最终产品。

材料非线性

material nonlinear behavior

材料应力-应变关系中的非线性特性。

材料符合性验证

compliance demonstration for material

确定材料可以满足工程设计要求的批准试验和验证过程称为材料符合性验证。通过材料符合性验证，可以固化材料的制造工艺，生成用于工程设计用的材料规范、用于设计的性能数据。

材料规范

material specification

包括供应商生产、试验和运输材料的一整套要求，以及详细的材料性能要求，如货架寿命和贮存期，以保证材料适合其预定应用。同时，还包括对每种材料的验收要求，以保证采购过程中材料的可控性、一致性和可重复性。

材料许用值

material allowable value

在一定的载荷与环境条件下，主要由试样试验数据，按照规定要求统计分析后确定的具有一定置信度和可靠性的材料性能表征值。

采样系统

sampling system

指将气态排出物试样从试样探头传输到测量系统进口的系统。

残冰

residual ice

除冰系统作动后，紧贴着受保护表面剩余的冰。

残余变形
residual strain

物体受力后,局部内应力过大,超过材料的屈服应力或弹性平衡的应力,或热环境等因素作用消失后,仍残留的不能恢复的变形。

舱内通风冷却系统
undercowl ventilation and cooling system

维持发动机舱内的环境温度,保证发动机外部附件、短舱结构和发动机机匣在温度限制内,同时防止可燃气体或液体的积聚而产生着火危险的系统。

操纵品质
handling quality

飞行品质或特性,它决定了驾驶员在操纵飞机中可能完成所要求课目任务的难易和精确程度。

侧风
crosswind

风向与航空器飞行路线交叉的风。

产品基线
product baseline

初始批准的规定技术状态项目所有必备的功能和物理特性、选择生产验收试验指定的功能和物理特性,以及技术状态项目保障所需试验的一种文件。除该文件外,技术状态项目的产品基线还包括实际的设备和软件。

颤振
flutter

对于具有动叶或静叶的系统,颤振是发生在叶片某一固有频率和相应振型的自激振动。它独立于外部激振源,但取决于作为外部能量输入的气流和结构的气动特性。

超差
out of tolerance condition

在制造期间或检验验收过程中,发现某些方面不符合已批准的构型文件的要求,但不需修理或用经批准的方法进行修理后仍可使用的偏差。

超高频
super high frequency, SHF

频率为 3~30 GHz 的频带。

超声波检测
ultrasonic testing

超声波在被检材料中传播时,根据材料的缺陷所显示的声学性质对超声波传播的影响,来探测物体内部缺陷的无损检测方法。

持久极限
endurance limit

寿命趋向无限时疲劳强度的极限值,是材料或构件的疲劳特性参数之一。

持久试验
endurance test

特指符合 CCAR 33.87(a)要求的持久试验,根据发动机型号和预期使用情况,完成 CCAR 33.87(b)~(g)中规定的试验序列中的某一组运转。

持续的功率或推力损失
sustained loss of power or thrust

发动机主要功率设定参数(如转子转速、发动机压比、扭矩、轴马力)不变情况下,永久性的发动机功率或推力的降低。

持续适航
continued airworthiness

当发动机符合其型号合格证,并能够持续安全运行时,则认为它处于持续适航状态。

持续适航管理
continuous airworthiness management

是在航空器满足初始适航标准和规范、满足型号设计要求、符合型号合格审定基础,获得适航证、投入运行后,为保持它在设计制造时的基本安全标准或适航水平,为保证航空器能始终处于安全运行状态而进行的管理。

持续适航文件
instructions for continued airworthiness, ICA

型号合格证或补充型号合格证持有人向用户提供的关于航空产品维修手册(维修条款)、维修说明书和适航限制条款等内容的文件。

持续转动
continued rotation

持续转动指的是发动机停车后,发动机的主转动系统仍然维持转动的状态。造成持续转动的原因可能是风车或机械效应,或者两者的结合。机械效应包括诸如在多引擎的旋翼机中,传动轴离合分离不彻底造成的停车后的持续转动。

冲击
shock

系统受到瞬态激励,其所受力、位置、速度或加速度发生突然变化的现象。

冲击损伤
impact damage

因受外来物撞击而引起的结构异常。

抽样检验
sampling inspection

从产品批中抽取少量产品进行仔细检验,以判断整批产品的质量情况,其目的为了批准产品批的合格或决定产品是否能被接受,以及观察生产工序中的变化趋势等。

出口导向叶片
outlet guide vane, OGV

发动机流道上用于控制气流出口方向的静子叶片。

初步风险评估
preliminary risk assessment

风险评估是对信息资产面临的威胁、存在的弱点、造成的影响,以及三者综合作用而带来风险的可能性的评估。作为风险管理的基础,风险评估是组织确定信息安全需求的一个重要途径,属于组织信息安全管理体系策划的过程。风险评估的主要任务包括:识别组织面临的各种风险;评估风险概率和可能带来的负面影响;确定组织承受风险的能力;确定风险消减和控制的优先等级;推荐风险消减对策。

初步设计评审
preliminary design review, PDR

对每个技术状态项目所选择的设计途径的进展、技术的充分性和风险消除情况进行的评审,以确定该项目与研制规范中的性能要求和工程专业要求的相容性,以及装备其他项目、设施、计算机程序与人员之间的物理和功能接口相容性。它通常在工程和制造研制阶段进行。

初步系统安全性分析
preliminary system safety assessment, PSSA

基于功能危险评估和失效情况分类,对建议的系统架构及其执行进行系统性评估,确定架构内所有产品的安全性要求。

初级电路
primary electric circuit

点火激励器的低压电路,包括从电子控制器输出端的点火激励器电源电缆到点火激励器的第一级线圈的初级线圈。

初始裂纹寿命
life to initial crack

试件或结构在循环载荷作用下,自开始加载至形成初始疲劳裂纹的寿命。

初始适航管理
initial airworthiness management

是在航空器交付使用前,适航部门依据各类适航标准和规范,对民用航空器的设计和制造所进行的型号合格审定和生产许可审定,以确保航空器和航空器部件的设计、制造是按照适航部门的规定进行的。

初始维修检查
initial maintenance inspection, IMI

是指按照 CCAR 33.4 要求的持续适航文件(ICA)中规定的对于发动机适用的必要的检查。型号合格证(TC)持有人可以在 ICA 中的适航限制章节中对初始维修检查作出要求,也可以推荐检查的间隔。

初始维修检查间隔
initial maintenance inspection (IMI) intervals

在进行初始维修检查之前,发动机或发动机单元体允许运行的最长小时数或最大循环次数。

除冰
de-icing

周期性地除去航空器表面的冰层。

传递函数
transfer function

系统输出的拉氏变换与输入的拉氏变换之比。

传动齿轮箱
transfer gear box, TGB

用于向附件齿轮箱传递发动机轴功率的齿轮箱。

传动系统
transmission system

发动机传动系统在结构上主要分为三个单元体,即中央传动齿轮箱(IGB)、传动齿轮箱(TGB)及附件传动齿轮箱(AGB)。其主要有两大功能:

(1)在发动机起动时,从起动机提取功率带动发动机高压转子转动;

(2)在发动机正常运行时,从发动机高压转子提取功率驱动飞机和发动机各附件工作。

传感器
transducer/sensor

能感受被测量或与被测量有关的物理量并转换成某种形式的便于远距离传输的信息的测量装置。

传热
thermal transmission

热量的传递过程,通常分类成热传导、热辐射、热对流三种基本形式。

传热系数
thermal transmittance

障碍物的热侧和冷侧流体处于

稳定状态时,在两流体单位温差下及单位时间内、单位面积传递的热流量。

喘振

surge

喘振是指发动机出现的一种状况,其特征为伴随着发动机压缩系统的流量大幅度降低甚至出现倒流,发动机压力出现大幅度的波动。

喘振边界

surge limit

由于压气机喘振使得压气机有用工作范围受到实际限制的边界。

喘振裕度

surge margin

喘振裕度是指选定的发动机参数在正常稳定工作线处和失速边界处的差值。喘振裕度有不同的表达方式,在等换算流量条件下确定的喘振边界压比值与工作点压比值的相对差称为压比裕度,其定义如公式(1)所示,示意图见图1(a)。在等换算转速条件下确定的压比和流量等参数的相对差值称为综合裕度,其定义如公式(2)所示,示意图见图1(b)。

$$SM_1 = \left(\frac{\pi_S - \pi_O}{\pi_O} \right)_{W_{cor} = const} \quad (1)$$

$$SM_2 = \frac{\pi_S/w_S - \pi_O/w_O}{\pi_O/w_O} \quad (2)$$

式中,SM 指喘振裕度;π 指压比;W 指换算流量;下标"S"指喘振边界;下标"O"指工作点。

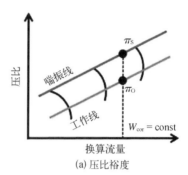

(a) 压比裕度

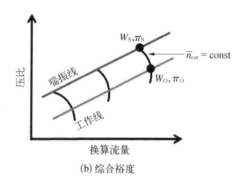

(b) 综合裕度

图1 喘振裕度的定义

次级电路

secondary electric circuit

点火激励器的高压电路部分,包括从第一级线圈的次级线圈至第二级线圈的次级输出端,以及从点火激励器输出端到点火电嘴的连接电缆部分。

错误

error

　　因人为或需求、设计、实施中的过失导致的遗漏或不正确的行为。错误可能会导致失效,但是错误本身不是失效。

错误数据

erroneous data

　　通过确认但不正确的数据。

D

打样图
layout drawing

是技术设计阶段所绘制的一种阶段性图样,是技术设计评审和下一阶段的工程设计绘制工作图的依据。打样图分总体打样图、组件(单元体)打样图和系统打样图。

大改
major alteration

没有列入航空器、发动机或螺旋桨的技术规范中的改动:

(1)它可能显著地影响质量、平衡、结构强度、性能、动力装置工作、飞行特性或影响适航性的其他品质;

(2)它不是按常规做法进行的,或用基本操作无法进行的。

大气总温
total air temperature

空气流过航空器受到阻滞时流速降低到零,动能转换为热能使局部温度升高,这个温度加上空气静温称为总温。

单点故障
single point failure

引起产品故障且没有冗余或替代的工作程序作为补救的故障。

单发失效
one engine in-operative,OEI

一台发动机不工作。

单位耗油率
specific fuel consumption,SFC

见燃油消耗率。

单元体
module

一组作为发动机组成部分的组件、零件,按照一定的设计要求和装配程序,组成的性能和结构相对独立的单元。

当量空速
equivalent air speed

指按具体高度进行绝热压缩气流修正的航空器校正空速,当量空速等于海平面标准大气条件下的校正空速。

导航
navigation

引导运动载体沿既定航线在规定时间从一点到达另一点的技术。

导热
heat conduction/thermal conduction

又称热传导。热量由物体的高温部分向低温部分或由一高温物体向与其紧密接触的另一低温物体传递的过程。

等效安全
equivalent level of safety , ELOS

指虽不能表明符合条款的字面要求,但存在补偿措施并可达到同等的安全水平。

低周疲劳
low cycle fatigue , LCF

在载荷幅值足够大、循环次数足够多的应力应变循环载荷作用下,材料出现累积的永久性局部结构劣化过程。低周疲劳通常在 10^5 次循环内萌生可见(尺寸为长 0.076 2 cm、深 0.038 1 cm)的裂纹。

底事件
bottom level event

基本事件和未探明事件统称底事件。故障树的底事件是故障树中仅导致其他事件发生的原因事件,它位于所讨论的故障树的底端,总是某个逻辑门的输入事件而不是输出事件。

地面结冰条件
ground icing conditions

一般情况下地面结冰是指外界大气温度在 5℃ 以下、存在可见的潮气(如雨、雪、雨夹雪、冰晶、有雾且能见度低于 1.5 km 等)或在跑道上出现积水、雪水、冰或雪的气象条件,或者外界大气温度在 10℃ 以下、外界温度达到或者低于露点的气象条件。

地面慢车
ground idle

将功率控制杆推至地面运行允许的最低功率或推力位置时,发动机稳定运行状态。

地面效应
ground effect

由于航空器贴近地面飞行,导致流经航空器的气流发生改变,使空气动力特性发生变化。

地面振动试验
ground vibration test , GVT

飞机为了符合 CCAR 25.629,通常需要进行的地面共振试验。

第二阶段噪声级
stage 2 noise level

处于或低于如下规定,飞越:最大重量等于或大于 272 000 kg(600 000 lb)时为 108 EPNdB*,最大重量从 272 000 kg(600 000 lb)每减一半,则减少 5 EPNdB,直到最大重量为 34 000 kg(75 000 lb)或更小时为 93 EPNdB。横侧和进场:最大重量等于或大于 272 000 kg(600 000 lb)时为 108 EPNdB,最大重量从 272 000 kg(600 000 lb)每减一半,则减少 2 EPNdB,直到最大重量等于或小于 34 000 kg(75 000 lb)时为 102 EPNdB。高于第三阶段噪声限制的噪声级。

(1) 飞越:① 多于三台发动机的飞机:最大重量等于或大于 385 000 kg(850 000 lb)时为 106 EPNdB,最大重量从 385 000 kg(850 000 lb)每减一半,则减少 4 EPNdB,直到最大重量等于或小于 20 200 kg(44 673 lb)时为 89 EPNdB;② 三台发动机的飞机:最大重量等于或大于 385 000 kg(850 000 lb)时为 104 EPNdB,最大重量从 385 000 kg(850 000 lb)每减一半,则减少 4 EPNdB,直到最大重量等于或小于 28 600 kg(63 177 lb)时为 89 EPNdB;③ 少于三台发动机的飞机:最大重量等于或大于 385 000 kg(850 000 lb)时为 101 EPNdB,最大重量从 385 000 kg(850 000 lb)每减一半,则减少

4 EPNdB,直到最大重量等于或少于 48 100 kg(106 250 lb)时为 89 EPNdB。

(2) 横侧:不管发动机的数量,最大重量等于或大于 400 000 kg(882 000 lb)时,为 103 EPNdB,最大重量从 400 000 kg(882 000 lb)每减一半,则减少 2.56 EPNdB,直到最大重量等于或小于 35 000 kg(77 200 lb)时为 94 EPNdB。

(3) 进场:不管发动机的数量,最大重量等于或大于 280 000 kg(617 300 lb)时,为 105 EPNdB,最大重量从 280 000 kg(617 300 lb)每减一半,则减少 2.33 EPNdB,直到最大重量等于或小于 35 000 kg(77 200 lb)时为 98 EPNdB。

第一阶段噪声级
stage 1 noise level

飞越、横侧和进场超过了第二阶段噪声限定的规定,具体规定如下:飞越:最大重量等于或大于 272 000 kg(600 000 lb)时为 108 EPNdB,最大重量从 272 000 kg(600 000 lb)每减一半,则减少 5 EPNdB,直到最大重量为 34 000 kg(75 000 lb)或更小时为 93 EPNdB。横侧和进场:最大重量等于或大于 272 000 kg(600 000 lb)时为 108 EPNdB,最大重量从 272 000 kg(600 000 lb)每减一半,则减少 2 EPNdB,直到最大重量等于或小于 34 000 kg(75 000 lb)时为 102 EPNdB。

---

* EPNdB:等效感觉噪声级。

点火电缆

ignition cable

将点火装置输出的电能传递给点火电嘴的器件。

点火电嘴

igniter

即点火器,将点火电缆传递来的电能转换成电火花,用于点燃燃烧室内可燃混合气的器件。

点火激励器

ignition exciter

将发动机提供的低压直流或交流电进行积聚和转换并向外输出能量的装置。

点火系统

ignition system

用于点燃发动机主燃烧室或加力燃烧室内的燃油混合气体的点火源系统,包括用于发动机地面和空中起动的所有点火电路,从电子控制器(EEC)端开始的电缆、点火激励器、点火电嘴及点火激励器和点火电嘴之间的电缆。

点火源

ignition source

在 5 min 内能将邻近的材料或流体加热到其着火点的能源,可能包含以下情形:

（1）发动机高温机匣和高温气动系统,可能由于表面温度或泄漏成为点火源;

（2）外表温度超过 400℉ 的机匣、管路、接头和附件,应根据其所处位置的空气温度、压力、速度、高温部位面积、易燃液体着火极限等条件判断是否为点火源;

（3）为飞机供电的附件可能成为点火源。

电磁干扰

electromagnetic interference, EMI

在电路里出现设计外的电压或电流,成为电路中的另一个电源。

电磁兼容性

electromagnetic compatibility, EMC

设备或系统在其电磁环境中能正常工作且不对该环境中任何事物构成不能承受的电磁干扰的能力。

电缆

cable

包容在一个公共护套中的两根或多根电线;虽无公共护套,却扭绞或模压在一起的两根或多根电线;具有金属外罩屏蔽层或外导体的一根电线。即传输电能或电信号而敷设的导线束。

电气线路互联系统
electrical wiring interconnection system, EWIS

指安装在飞机任何部位的,用于两个或多个端点之间传输电能(包括数据和信号)的任何导线、线路装置(包括端接器件)或其组合。

电液伺服阀
electro-hydraulic servo valve,EHSV

输入为电信号,输出是随电信号大小和极性变化的流量或压力的液压控制阀。

顶事件
top level event

顶事件是故障树分析中所关心的最后结果事件。它位于故障树的顶端,一般为所讨论故障树中逻辑门的输出事件而不是输入事件。

定时瞬态
timing transitional condition

在工作包线内,发动机 PLA 从慢车瞬间推到最大起飞/连续,在最大起飞/连续状态稳定几分钟后,再从最大起飞/连续瞬间拉到慢车。

定时维修
hard time maintenance

产品使用到预先规定的间隔期时,即按事先安排的内容进行的维修。它是预防性维修的一种方式。

动刚度
dynamic stiffness

当结构或材料受到动载荷时,抵抗动载荷作用下的变形能力称为动刚度。

动力学响应
dynamic response

结构在受到动载荷后产生的结构变形和应力场随时间变化的历程。

动力装置
power-unit

由一台或多台发动机及其部件组成的系统,它们共同不依赖于任何其他动力装置(一个或多个)的继续工作而能独立地提供推力,但不包括产生短时推力的装置。

动力装置附件
powerplant accessories

在发动机上所传动的附件,随机种不同而各异,大体上可分为发动机的附件和飞机的附件。组成发动机各系统的元件,如滑油泵、滑油滤、点火器等,称为发动机的附件。大部分发动机的附件有一定的功率、转速、转向要求,需通过附件传动装置来传动,装于附件机匣上。另有一些附件没有转动零件,不需传动,如滑油滤、燃油滤、点火器、滑油压力传感器、滑油散热器等,这些附件并不一定要安装在附件机匣上,可装于任意适合的地方,甚至可以装在飞机结构中。典型的发动机附件主要包括:

(1) 燃油泵;

(2) 燃油滤;

(3) 滑油泵;

(4) 滑油滤;

(5) 点火器;

(6) 滑油压力传感器;

(7) 滑油散热器;

(8) 油气分离器;

(9) 离心通风器(有时不单独成附件);

(10) 鼓风机(适用于某些涡轴发动机);

(11) 发动机控制用发电机;

(12) 起动机(某些机型可能归类于飞机附件)等。

飞机附件主要包括:

(1) IDG;

(2) VSCF;

(3) 增压泵等。

冻结系数
freezing fraction

固体表面结冰的水量与撞击在固体表面的总水量的比值。冻结系数的数值介于 0 和 1 之间,可用于判断结冰的类型。

抖振
buffeting

飞机部件在分离气流或尾流扰动下发生的不规则振动。

短舱
nacelle

航空器上流线型的结构、罩或舱,例如发动机外罩。

短舱唇缘面积
area of hilite

短舱进气道唇缘滞止点所对应的面积。短舱唇缘面积示意图如图 2 所示。

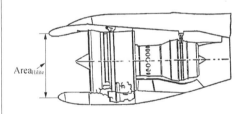

图 2　短舱唇缘面积示意图

断后延伸率
rupture elongation

试样拉断后标距的伸长量和原始标距的百分比,用符号 δ 表示。

断裂力学
fracture mechanics

定量地研究含裂纹体在外载荷作用下裂纹扩展规律和失效准则的工程学科。

对流换热

heat convection

又称对流传热,指运动流体通过固体表面时,因温度不同而引起的流体与固体表面间的传热过程。

对流换热系数

convective heat transfer coefficient

物体表面与附近空气温差1℃、单位时间单位面积上通过对流与附近空气交换的热量。

多普勒效应

Doppler effect

由于相对运动,使所观察的声频、光频或其他波频产生变化的一种现象。

E

额定起飞功率或推力
rated takeoff power or thrust

对于航空涡轮发动机,在 CCAR 33.7 中确定的运行限制内批准使用时间不超过 5 min 的起飞推力或功率。该推力或功率值在如下条件下获得:

(1) 静态;

(2) 在海平面、标准大气环境下;

(3) 无外部引气和功率提取;

(4) 无安装损失;

(5) 无流体喷射加力且无加力燃烧室燃烧加力。

额定输出
rated output, rO

指由民航局批准的发动机在标准大气条件下起飞时的最大功率或推力,包括加力作用(若适用),但不包括任何喷水作用和任何应急功率或推力额定值。

额定速度或燃气温度
rated speed or gas temperature

提供额定功率或推力时的发动机转速或燃气温度。燃气温度必须在发动机特定的位置处测量。

额定压力比
rated pressure ratio, rPR

发动机以额定输出状态工作时达到的燃烧室进口压力和发动机进气压力之比。

额定值
rating

发动机运行中必须被验证的特定功率状态,例如起飞、爬升、最大连续及巡航状态。

额定最大连续推力或功率
rated maximum continuous thrust or power

对于航空涡轮发动机,在 CCAR 33.7 中确定的运行限制内批准可持续使用的推力或功率。该推力或功率值在如下条件下获得:

(1) 静态;

(2) 在海平面、标准大气环境下;

（3）无外部引气和功率提取；

（4）无安装损失；

（5）无流体喷射加力且无加力燃烧室燃烧加力。

二次失效

secondary failure

指其他非自身的失效导致的，它与原发失效相对应，例如，EEC 电源故障导致 EEC 失效。

二次损伤

secondary damage

由原发失效所导致的损伤或失效。

发动机
engine

用作或计划用作航空器推进的装置。发动机至少包括那些对工作和控制所必需的部件和设备,但不包括螺旋桨(如适用)。

发动机部件
engine component

作为发动机型号设计一部分的系统或附件。

发动机电子控制系统
electronic engine control system, EECS

使用电子提供主要功能的发动机控制系统。它包括所有用来控制发动机所必需的部件(如电气、电子、液压和气动部件),并且可能包含了其他的控制功能。安装者提供的系统部件也可能作为系统的一部分。

发动机飞行循环
engine flight cycle

作为批准寿命基础的飞行剖面或剖面组合,从发动机起动到停车的一次飞行引起的完整的应力和温度循环。

发动机机匣烧穿
engine case burnthrough

发动机内烧穿发动机机匣,使高压、高温燃气流从发动机逸出的着火状态。

发动机结构
engine structure

是指由型号设计定义的,围绕转子部件从最前端安装边延伸到最后端安装边的整个结构。

发动机控制系统
engine control system, ECS

任何用来控制、限制或监控发动机运行的系统或设备。

发动机排气温度
exhaust gas temperature, EGT

燃气从燃烧室排出,通过高速旋

转的涡轮后,在发动机涡轮出口截面上的温度。

发动机前端
front of the engine

指可能受到鸟撞击的发动机任何部分,包括但不限于以下发动机部件:

(1) 安装在进气道上的部件(如进气道传感器);

(2) 帽罩;

(3) 风扇或压气机转子上的整流罩;

(4) 发动机进气道导向叶片组件;

(5) 任何发动机防护装置(如防护屏或进气道防护网);

(6) 风扇或压气机叶片(包括前、后风扇设计)。

发动机手册
engine manual, EM

一种由制造商提供的可以作为单一发动机手册替代文件的文件。制造商可以将发动机手册与附加的备选的 CIR 一起更改和提供,也可以将发动机手册作为单独文件进行更改和提供。

发动机特性
engine characteristics

航空发动机推力、功率和耗油率随使用条件变化的特性。

发动机图解零件目录
engine illustrated parts catalog, EIPC

其中主要用于标示和索取发动机上可更换的零件和单元体,是发动机手册的伴随文件。

发动机危害性后果
engine hazardous effect

根据 CCAR 33.75 要求,发动机危害性后果主要有:① 非包容的高能碎片;② 客舱用发动机引气中有毒物质浓度足以使机组人员或乘客失去能力;③ 与驾驶员命令的推力方向相反的较大推力;④ 不可控火情;⑤ 发动机安装系统失效,导致非故意的发动机脱开;⑥ 完全失去发动机停车能力。

发动机熄火
flameout

涡轮发动机非预期的燃烧终止。

发动机限寿件
engine life-limited parts

原发失效可能导致危害性发动机后果的发动机转子及主要静子结构件。针对 CCAR 33.70,危害性发动机后果为 CCAR 33.75 中所列的任意一种状态。

发动机型别
engine model

指具有相同的总序号、排气量和

设计特性,并由同一型号合格证批准的所有航空涡轮发动机。

发动机振动监测
engine vibration monitoring, EVM

监视发动机高低压转子振动值的装置。

发动机整流罩
engine cowling

发动机外部可拆除的罩子。发动机上的构件必须要取下整流罩后,才能够接近。

发动机指示和机组告警系统
engine indication and crew alert system, EICAS

安装在驾驶舱内,用于显示发动机参数和告警信息的显示器。

发动机专用电源
engine dedicated power source

仅仅用于单个发动机控制系统的电源。

发动机总压比
engine pressure ratio, EPR

发动机的总增压比。

发烟指数
smoke number, SN

表示烟雾排放数量的无量纲参数。

翻修
overhaul, O/H

发动机制造商翻修手册所规定的,为获批重返运营而进行的分解、清洗、检查、按需的修理或更换、重新组装和试验等过程。翻修所涉及的是整机的分解,而非单个零件或组件的维修。

翻修产品
rebuilt product

产业制造商进行如下处理,使产品满足新部件的公差与极限或经批准的超差:

(1)分解、清洁、检查、修理、重新装配;

(2)经试验具有和新产品相同的极限和公差。

翻修间隔时间
time between overhaul, TBO

由发动机制造商计算,指没有超过磨损极限的情况下,对如曲柄、偏心轴、气缸、连接杆、活塞等主要部件进行翻修,在已经设立的发动机参数内,发动机可以可靠运行的估计小时数。

反推力装置
thrust reverser

简称反推装置、反推。打开该装置会使飞机产生与运动方向相反的推力的装置。

反推整流罩
thrust reverser cowl

发动机主体外的罩子,位于侧整流罩的后部。

返航
in flight turn back, IFTB

航空器起飞后未到达目的地机场并返回出发机场。

防冰
anti-icing

防止在受保护表面上结冰,其方法可以是通过撞击使水蒸发或者允许水流向后方的非保护表面并在其上结冰。

防冰系统
anti-icing system

能够防止飞机某些关键部件积冰的系统。

防错设计
anti-error design

使产品能够防止人员误操作,从而避免故障或事故发生的一种设计方法。

防火
fireproof

防火是指零部件暴露在热场或其他特定环境中,可以承受 1 093℃ 平均火焰温度(±65.6℃ 热电偶误差),并持续至少 15 min,而保持原有功能的能力。

防火墙
firewall

封闭潜在的易燃混合物,阻止其进入火区或火源区,或者防止火焰传播到关键结构件的隔板。

防火系统
fire protection system

固定的或可移动的组件和部件,能探测和显示火灾或烟雾,以及保存并将灭火剂分布到飞机所有防护区域。

放电
discharge

由高电压或大电流脉冲源产生的电荷转移。

飞行包线
flight envelope

以飞行速度或马赫数、高度和过载等飞行参数为坐标,以不同飞行限制条件(如最大速度、最小速度、最大过载、升限、最大速压等)为边界所围出的封闭几何图形。

飞行高度
flight altitude

指航空器在海平面以上的运行高

度。对于无增压座舱的航空器,"座舱气压高度"和"飞行高度"是相同的。

飞行结冰探测警告系统
advisory flight ice detector system, AFIDS

向飞行人员提供一个有关存在积冰或结冰条件的警告系统。

飞行慢车
flight idle

将功率杆推至飞行中允许的最低功率或推力位置时,发动机保持的稳定运行状态。

飞行剖面
flight profile

又称任务剖面。用飞行条件(空速、高度、功率状态等)和时间表示的具体飞行历程。

飞行事故
flight accident

民用航空器在运行过程中发生人员伤亡、航空器损坏的事件。

飞行事故征候
flight incident

航空器运行的飞行实施过程中发生严重威胁飞行安全的情况或发生航空器损坏、人员受伤,但其程度未构成飞行事故或航空地面事故的,为飞行事故征候。

飞机
aeroplane

由动力驱动的重于空气的航空器,其飞行中的升力主要由作用于翼面上的空气动力的反作用力获得,此翼面在给定的飞行条件下保持固定不变。

飞机发动机
aircraft engine

用于或拟用于推进飞机的发动机。它包括涡轮增压器、附属装置和发动机工作所需的附件,但不包括螺旋桨。

飞机提供的电源
aircraft-supplied electrical power

飞机系统直接提供或通过飞机系统提供给发动机或螺旋桨控制系统电能的任何电源。

飞机提供的数据
aircraft-supplied data

飞机系统直接提供或经过飞机系统传给控制系统的任何数据。

非包容失效
uncontained failure

任何能造成碎片从发动机或APU脱离,引起危害的失效。需要考虑的非包容失效是那些飞散的碎片有足够能力对飞机造成危害的事件。

非正常飞行条件
abnormal flight condition

正常运行包线以外的飞行条件。

分贝
decibel，dB

代表相对量的噪声级单位，基准值为 $20 \mu N/m^2$ 声压。

分解检查
teardown inspection

分解检查是指申请人在完成 CCAR 33.87 要求的持久试验后，将发动机完全分解，以检查各部件是否满足 CCAR 33.93 的要求。

分析
analysis

按照 CCAR 33.75 的要求，对发动机进行专门而详细的、定性或定量的评估。例如故障树分析（FTA）、失效模式和影响分析（FMEA）、马尔可夫分析（MA）等。

风车
windmilling

是指非运行条件下的发动机由于飞机继续向前飞行，气流驱动叶片继续转动的状态。

风车转速
windmilling rotational speed

由于飞机向前飞行，空气流入发动机驱使无动力的发动机转子系统继续转动的转速。

风扇
fan

以较低的压力、较大容积流量进行空气循环的装置，它由涡轮或动力源来驱动。压气机和风扇都是增压的装置，只是增压的程度不同，一般压力增加在 10% 以下的称风扇。

风扇舱
fan compartment

由风扇罩、风扇机匣、进气道挡板和反推力装置挡板所围成的区域。

风扇叶片脱落
fan blade-out，FBO

发动机风扇叶片由于自身材料问题或外物冲击而导致失效脱落的一种事故。

风扇噪声
fan noise

涡轮风扇发动机风扇级内产生的噪声的通用术语，包括离散频率噪声和随机噪声。

风险
risk

用危险可能性和危害严重性表示的事故发生的可能性和影响。

风险分析
risk analysis

分析危险源严重性和可能性的过程。这个过程可以是定性的,也可以是定量的。

风险管理
risk management, RM

对个体、整体或资源等暴露出来的风险进行系统化的定性或定量,采取行动减少或消除风险的过程。

风险评估
risk assessment

对风险及其相关影响的综合评估。

封严
seal

又称密封件。在两表面防止空气或液体泄漏的元件。

服务通告
service bulletin, SB

服务通告是航空产品设计、生产厂家根据自身和用户信息,对所生产的航空产品改进其可靠性或使用的安全性,是对用户的一种技术服务措施和对自身生产技术改进的要求,通告是对航空产品实施检查、重复检查、改装或使用寿命更改等的技术要求。根据所颁发的内容/执行期限分为普通类、重要类和紧急类三大类。

服务信函
service letter, SL

由航空器制造厂家以信函的形式发布的针对飞机系统和部件维护的一般或特定的技术信息。

符合性
compliance

指民用航空产品和零部件的设计符合规定的适航规章和要求。

符合性方法
methods of compliance, MOC/MC

型号合格审定过程中,为了获得所需的证据资料以表明适航条款的符合性,申请人通常需要采用不同的方法,而这些方法统称为符合性方法。

符合性检查清单
compliance check list, CCL

按审定基础确定的规章条款逐条列出表明条款符合性的符合性方法、相关型号资料及其批准情况的汇总性文件,用于记录和检查型号合格审定项目的完成情况。

符合性资料

compliance data

用于表明型号设计符合审定基础的资料,包含试验大纲、计算或分析报告、试验报告等。

辅助动力装置

auxiliary power unit, APU

安装在飞机上的机载动力装置,用于产生并提供一种单一类型的动力、辅助电源、液压源、气源或其他动力的组合。

腐蚀

corrosion

氧化或化学污染造成金属表面逐渐破坏的化学反应。

腐蚀疲劳

corrosion fatigue

金属因暴露于腐蚀环境中导致其承受循环应力能力降低。

附件安装构件

accessory mounting attachment

附件安装构件指将飞机和发动机附件安装到齿轮箱上所用到的安装座、螺栓、法兰、快卸环、卡箍等结构(如适用),用以实现附件壳体和齿轮箱壳体的连接,保证附件的可靠安装。

附件齿轮箱

accessory gearbox, AGB

又称外部齿轮箱。一般安装在发动机外部,由一套减速齿轮箱组成,为发动机的泵和控制系统提供动力。

附件传动装置

accessory drive

是指按一定转速、转向和功率要求,将起动机功率传输给发动机和将发动机功率传输给发动机附件及飞机附件的驱动装置。

复飞

go around, GA

由于机场障碍或飞机本身发生故障(常见的是起落架放不下来),以及存在其他不宜降落的条件时,飞机中止着陆重新拉起转入爬升的过程。

复飞功率或推力设定值

go around power or thrust setting

在性能资料中规定的空中最大许可功率或推力设定。

复合材料

composites

由两种或两种以上材料独立物理相通过复合工艺组合而成的新型材料,其中,连续相称为基体,分散相称为增强体。它既能保留原组成材料的主要特色,并通过复合效应获得原组分所不具备的性能,又可以通过材料设计使各组分的性能相互补充并彼此联系,从而获得新的优越性能。

复杂硬件
complex hardware

如果某个硬件无法归类为简单的硬件,则认为其是复杂硬件。由简单硬件组成的硬件也可能是复杂的硬件。

富油
rich fuel vapor/air mixture

含有超过支持燃烧所需燃油分子的燃油蒸气/空气混合气。

腹板
web

隔框或肋内不包括上下缘条而以受剪方式传递剪切载荷的结构部分。

G

改航

diversion

飞往非计划机场的飞行过程。

概率

probability

在一定条件下一个随机事件发生的可能性大小，它是介于 0 和 1 的数值，可用分数表示。

刚度

stiffness

结构或构件等弹性物体抵抗由外力引起的变形的能力。

高频

high frequency，HF

频率为 3~30 MHz 的频带。

高强度辐射场

high intensity radiated fields，HIRF

单位面积的辐射能量较高的一种电磁辐射，它由电磁波的电场强度和磁场强度共同决定。

高升力系统

high lift system

提供驱动增升装置（包括襟翼、缝翼）控制的飞行控制系统。

高压转速

high pressure rotor speed

发动机高压转子的转速。

高周疲劳

high cyclic fatigue，HCF

循环应力中最大应力处于弹性范围内的疲劳破坏。

告警

warning

驾驶舱指示，用于引起机组的注意或向机组通告一个非正常的操作或飞机系统状态。警告、警戒或提示都被视为告警。

隔火板

flame baffle

防止火焰蹿入需要保护部位的

隔板。

隔圈
spacer

隔圈是发动机中为了隔离两个空间的结构,典型的如封严盘。

工程计划
engineering plan

包括确定和维持发动机限寿件的寿命性能所需的所有假设、技术数据及活动的计划。制订和执行工程计划是合格审定前、后过程中所有活动的一部分。

工程设计图
engineering drawing

简称工程图。包括零件工程图(简称零件图)、组件/单元体工程图(也称装配图)、总装配图、系统图等在内的直接描述零/组件工程对象加工制造、装配、检验、包装、储运等详细要求的图样。

工程协调单
engineering coordination memo,ECM

与供应商在工程、制造、产品支援、适航管理等专业领域内,就工程问题协调、技术信息交流或对由对方发出的 ECM 进行答复时使用的标准文件格式。

工作试验
operation test

工作试验是指申请人为了验证发动机安全工作特性及最低功率/推力响应特性而开展的试验,其必须包括局方认为必要的所有试验。

工作手册
working manual,WM

民航局各职能部门下发的规范和指导民航行政机关工作人员具体行为的文件。

功率/推力设定
power/thrust setting

指涡喷和涡扇发动机以千牛为单位的功率或推力输出,或涡桨发动机以千瓦为单位的轴功率。

功率或推力严重损失
serious loss of power or thrust

发动机运转异常,如不可恢复或反复的喘振、失速、推力下降或熄火,导致显著的发动机功率和推力损失。"显著"指飞行机组在发生时有触感,或者在使用的发动机测试仪表上有明显反应(如 N1、N2、振动、排气温度)。

功率损失不稳定
power loss instabilities

发动机运行异常导致的不稳定。这些异常包括不可恢复或反复的喘振、失速、降转、熄火，它们会导致发动机功率或推力的周期性变化。

功率特性
power characteristics

在发动机稳态和瞬态运行时推力、功率或输出轴扭矩和主控制参数之间的关系，一般为 EPR 或动力涡轮转速、输出轴转速或风扇转速。

功能
function

影响产品完成其预定效用能力的特性。功能的行为可能是断续的或连续的（在时间上），主动的或被动的，能以计数值或计量值衡量。

功能危害性分析
function hazard analysis, FHA

对飞机功能的系统、综合地检查，根据严重程度，识别和分类功能的失效状态。

共模错误
common mode error

能同时影响若干元件的错误，如果没有这种错误，则认为这些元件彼此独立。

共模失效
common mode failure

由于同一失效模式引起的多个产品的失效。

注：共模失效是共因失效的一个特例。

共因分析
common cause analysis, CCA

包含区域安全性分析（zonal safety analysis）、特定风险分析（particular risk analysis）和共模分析（common mode analysis）。关于系统、失效、故障、缺陷、错误、外部事件等术语的逻辑关系，详见图 3。

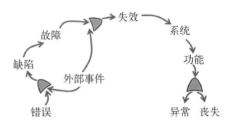

图 3　共因分析关键术语逻辑关系

共因失效
common cause failure

由于同一原因引起的多个产品的失效。

共振
resonance

此状态在激振频率和其中一个固有频率相等时出现，会导致振幅增大。每个共振响应有唯一的振动模态。

构型
configuration

技术文件上规定,并在产品上体现的设计特征和性能。

构型管理
configuration management

从产品定义、设计、生产到产品支援的整个生命周期内的管理程序。它通过对产品标示、更改、审核和纪实等过程的控制,从而建立并维持产品的性能、功能特性和物理特性与产品的设计要求和使用信息之间的一致。

构型管理办公室
configuration management office, CMO

CMB 下设置构型管理办公室,管理 CMB 的日常工作。

构型管理委员会
configuration management board, CMB

公司构型管理体系工作和项目工作的最高决策机构。

构型基线
configuration baseline

在某一时间节点上对产品特征的一致性描述,该描述将作为更改定义的基础;是一份批准并发放的文件,或一系列文件,并且每份文件都具有各自的版本;这些文件将为更改管理提供明确的基础。

构型控制
configuration control

对基本构型的系统评价、协调和所有更改的批准或不批准。

构型控制委员会
configuration control board, CCB

根据项目的需求,在 CMO 下设置不同的构型控制委员会。CCB 由 CMB 批准建立,是项目上构型管理的主要决策机构。

固定最小飞行慢车推力位置
fixed minimum flight idle power lever

指设计的最小飞行慢车推力固定位置。如果没有此位置,则可以使用不超过 15% 的额定起飞推力的位置。

故障
fault

部件、零件、元器件或系统中存在错误的表现形式,可能会引起失效。

故障-安全
fail-safe

产品在出现故障时能保持安全或恢复到不会发生事故状态的一种设计特性,又称破损-安全。

故障分析
failure analysis

发生故障后,通过对产品及其结构、使用和技术文件等进行逻辑系统的研究,以鉴别故障模式、确定故障原因和故障机制的过程。

故障告警和状态指示
fault warning and status annunciation

警示飞行控制系统中的故障及其紧迫程度的功能。

故障隔离
fault isolation

使有故障的控制行为不能输出。

故障树分析
fault tree analysis, FTA

一种安全性分析技术,其通过对可能造成飞机或系统故障的系统、硬件、软件、环境、人为因素等进行分析,建立故障树,从而确定故障原因的各种可能组合方式和(或)发生概率,并实现对不期望发生的事件进行自上到下的系统评估。

关键点
critical point

指发动机飞行包线内,发动机工作特性裕度降至最低水平的工作状态。工作特性裕度包括压气机喘振和失速裕度、燃油控制降转裕度、燃烧室熄火裕度及仪表传感误差。

关键件
critical part

指失效会对继续安全飞行和着陆产生直接危害性影响的零部件。这些部件必须单独考虑,还须与其他可被同一部分损坏或同一非包容性事件的其他部分损坏的部件一起考虑。

关键设计评审
critical design review, CDR

判定详细设计是否符合研制规范规定的性能要求和工程专业要求,建立设备、设施、计算机程序及人员等各项间详细设计的相容性,评估生产性和风险范围,并审查初步基线产品规范。它通常在工程和制造研制阶段进行。

关键转子叶片
critical rotor blade

指满足包容性的前提下,失效后包容裕度最低,且导致转子不平衡最大的压气机/风扇和涡轮叶片。

关键撞击参数
critical impact parameter, CIP

用于描述应力、应变、弯曲、扭转或其他情况的状态的参数。对规定的吸鸟条件,该状态将引起发动机最大撞击损伤。关键吸入参数是鸟的速度、质量、冲击位置、发动机转速和叶片几何形状等变量的函数。

管理文件
management document, MD

民航局各职能部门下发的就民用航空管理工作的重要事项作出的通知、决定或政策说明。

光滑粒子流体动力学
smoothed particle hydrodynamics, SPH

将连续的流体或者固体用质点组来代表(拉格朗日观点),每个质点上承载各种物理量,包括几何位置、质量、速度等,通过求解质点组的动力学方程,得到每个质点的物理量值,然后通过插值函数来得到其他空间点的物理量值。与传统的有限元方法相比,SPH 不需要对几何空间进行网格划分,是一种无网格方法,可以用于鸟撞的模拟。

广布疲劳损伤
widespread fatigue damage, WFD

是指在同一个结构元件上或在类似的相邻结构元件中的多个结构细节处同时存在裂纹,它们的尺寸和密度足以使其结构不再满足损伤容限的要求。

规范性文件
normative document

民航局机关各职能部门,为了落实法律、法规、民航局规章和政策的有关规定,在其职能范围内制定,经民航局局长授权由职能部门主任、司长、局长签署下发的有关民航管理方面的文件。

规章
regulation

由权力机构通过的具有约束力的法律性文件。

规章制定
rulemaking

FAA 用来制定和颁发法律和规章的内部流程。

国际标准大气
International Standard Atmosphere

根据大量的实测资料,由国际标准化组织(ISO)等权威机构按照中纬地区的平均气象条件制定并颁布的大气温度、压力和密度等物理参数随高度的变化规律。

国际航空运输协会
International Air Transport Association, IATA

全球最大的和最有影响力的国际性航空公司联盟,非营利性非官方的行业组织,于 1945 年成立,总部设在加拿大的蒙特利尔,执行总部设在瑞士日内瓦。凡国际民航组织成员国经营定期航班的航空公司,经其政府批准均可成为该协会会员。现有 230 个成员航空公司,在国际定期航线运量中占 93% 的份额。

国际民用航空公约
The International Civil Aviation Covenant

又称《芝加哥公约》,是有关国际民用航空在政治、经济、技术等方面问题的国际公约。《国际民用航空公约》是 1944 年 12 月 7 日在芝加哥召开的国际民用航空会议上签订的。

国际民用航空组织
International Civil Aviation Organization, ICAO

简称国际民航组织。联合国的一个专门机构,于 1994 年成立,总部设在加拿大的蒙特利尔。是协调各国有关民航经济和法律义务,并制定各种民航技术标准和航行规则的国际组织,现有 193 个缔约国。

国际自动机工程师学会
Society of Automotive Engineers International, SAE International

原译为美国汽车工程师学会,是一个技术性学会,在全球拥有超过145 500 名会员,会员均是航空航天、汽车和商用车辆行业的工程师和相关技术专家。SAE International 核心竞争力是终身学习和资源开发一致性标准。自动机是指通过自身动力运行的任何形式交通工具,包括航空航天器、汽车、商用车和轮船等。

国家航空咨询委员会
National Advisory Committee for Aeronautics, NACA

是美国于 1915 年 3 月 3 日成立的联邦机构,负责航空科学研究的执行、促进与制度化。

国家运输安全委员会
National Transportation Safety Board, NTSB

成立于 1967 年,总部位于美国华盛顿,是美国联邦政府的独立机关。专责于美国国内的航空、公路、铁道、水路及管路等事故的调查。

过大的振动
excessive vibration

振动导致的失效、损伤、磨损超出了经批准的限制,或妨害了发动机的预期运行。

过冷大水滴
supercooled large droplets, SLD

在温度低于 0℃ 时,直径大于 0.05 mm 的液滴,例如,冻雨或冰冻细雨。

过冷水滴

supercooled droplets

温度低于 0℃ 却仍然保持液态的水滴,过冷水滴存在于结冰云层中,在撞击到飞机和发动机表面时可能会结冰。直径大于 50 μm 的过冷水滴称为过冷大水滴(supercooled large droplets)。

过滤度

degree of filtering

指携带标准试验颗粒群的一定容积试验用油,通过滤芯时,滤前 X 尺寸的颗粒数与滤后 X 尺寸颗粒数之比称为过滤度。

海平面

sea level

用作高度测量基准的标准平面。

涵道比

bypass ratio, BPR

对于涡轮风扇发动机,空气分为两路进入发动机,一路通过内涵道(核心机),另一路进入外涵道,外涵道与内涵道空气质量流量的比值即为涵道比。

航空发动机

aero engine

为航空器提供飞行所需动力的装置。它主要有以下几种类型:航空活塞式发动机、航空燃气涡轮发动机和冲压喷气发动机等。

航空器

aircraft

能从空气的反作用,而不是从空气对地表的反作用,在大气中获得支撑的任何机器。

航空器飞行手册

aircraft flight manual, AFM

含有航空器安全运行所需限制、程序、信息与数据的一种文件。

航空器型号合格审定体系

aircraft type certification system

中国民用航空局(CAAC)针对航空器的型号合格审定而建立的工作体系。该体系包括授权的责任审定单位、责任审查部门、型号合格审定委员会(TCB)、型号合格审定审查组、项目工程师(project engineer, PE)、委任代表。

航空器评估小组

aircraft evaluation group, AEG

在航空产品型号合格审定过程中,进行如下项目的评审:

(1)飞机、发动机、螺旋桨及系统设备的运行符合性评审;

(2)驾驶员的型别等级和飞行机组资格要求评审;

(3)最低放行设备要求评审;

（4）维修要求评审；

（5）持续适航文件评审。

另外，AEG 还参与适航审定部门对最小机组的确定、飞行手册评估、重要改装的评审，以及对航空器适航指令（AD）颁发和事故调查提供支援。

航空燃气涡轮发动机
aircraft gas turbine engine

包括涡桨、涡扇和涡喷航空发动机。

航空无线电通信公司
Aeronautical Radio Incorporated, ARINC

成立于 1929 年 12 月 2 日，由四家航空公司共同投资组建，被授权负责"独立于政府之外唯一协调管理和认证航空公司的无线电通信工作"。公司主要工作是建设和运行地基的航空话音通信设施和网络，为民航和军方提供 HF 话音通信服务。

航空无线电技术委员会
Radio Technical Commission of Aeronautics, RTCA

美国政府与工业界组成的一个航空组织。它致力于推动航空技术的发展，解决在航空运营过程中使用电子设备和通信设备所遇到的问题。其目标是通过其成员和参加组织来协商解决这种问题的方法。

航线可更换件
line replaceable unit, LRU

在航线维护操作中可以拆换的零件、组件或部件。

核心舱
core compartment

由内部固定式结构和发动机机匣所围成的区域。

合格审定规定
certification specification, CS

欧洲航空安全局（EASA）颁发的适航标准，对应于美国的 14 CFR。

合格证持有人
certificate holder

按中国民用航空规章第 121 部、135 部、141 部、142 部和 91 部规定颁发的合格证的持有人。

很少可能的
reasonably probable

在每架飞机的总使用寿命期内，不太可能发生，但在装这种发动机的该型飞机的许多架飞机的总使用寿命期内，可能发生几次。当使用数值表示时，通常该概率为 $10^{-5} \sim 10^{-7}$ 次/发动机飞行小时。

红线状态
redline conditions

指发动机在相应额定值下工作时不允许超出的限制值,包括稳态,以及瞬态(适用时)的最高物理转子转速、燃气温度或输出轴的扭矩限制值。针对型号合格审定,TCDS 中规定了对每一个批准的发动机额定值相应的红线状态。

滑行
taxi

飞机凭借发动机推力在地面的运动。

滑行/慢车(滑出)
taxi/idle(out)

在为滑行而开始起动推进发动机直至转入起飞跑道期间航空器滑行和慢车工作状态。

滑行/慢车(滑入)
taxi/idle(in)

指在着陆滑行到所有推进发动机最后停车期间航空器滑行和慢车工作状态。

滑油底壳
oil sump

又称下曲轴箱,是曲轴箱的下半部,作用是封闭曲轴箱作为贮油槽的外壳,防止杂质进入,并收集和储存各摩擦表面流回的滑油,散去部分热量,防止滑油氧化。

化油器
carburetor

在发动机工作产生的真空作用下,将一定比例的汽油与空气混合的机械装置。

环保批准文件
environmental approval

指出口国适航当局颁发的符合其噪声标准或燃油排泄及排气排出物标准的证件或等效文件。

换算转速
corrected rotational speed, N_c

将转子的物理转速通过转子模块入口条件与 288.15 K 的标准大气温度条件进行标准化后的结果进行换算。换算值以经验为主,换算公式为 $N_c = N_r / \sqrt{(T_{inlet}/288.15)}$,其中,$T_{inlet}$ 为转子入口温度,单位为 K。

回流冰
runback ice

从保护表面流回非保护面对水冻结或再冻结而形成的冰。

混合型冰
mixed ice

一种明冰和霜冰的结合,霜冰形

成在硬冰的尾部。混合型冰的形成条件介于明冰和霜冰之间。

活塞式发动机
reciprocating engine

又称往复式发动机,是一种利用一个或者多个活塞将压力转换成旋转动能的发动机。

火区
fire zone

包含名义点火源的易燃液体泄漏区。

火源
fire source

在正常使用或故障条件下,可能促使着火或爆炸的任何部件。

火源区
ignition source zone

火源区是指该区域内所含设备、部件或分系统在正常使用或故障条件下被视作着火源,以及由于正常使用或故障条件被视作高温源,但这些区域内不含易燃液体输送部件或附件。

火灾探测系统
fire detection system

用于感受和指示过热、烟雾或火灾的系统。

豁免
exemption

在型号合格审定过程中,申请人可以因技术原因向中国民航局申请暂时或永久豁免的适航标准和环境保护要求中的某些条款。豁免是遵守规章的一种替代做法,遵守所颁发的豁免及其条件和限制,就是遵守规章。

击穿

puncture

固体介质材料上局部不可逆的绝缘性能损坏。

机动

maneuver

又称机动飞行。飞机在飞行中改变速度、高度和方向的各种飞机动作。

机构委任授权

organization designation authorization, ODA

FAA 对一个组织机构的授权,包括一个使用批准的程序的机构委任授权(ODA)单位,代表 FAA 进行批准工作。

机体

airframe

航空器的机身、尾梁、短舱、整流罩、整流片、翼面(包括旋翼,但不包括螺旋桨和发动机的旋转叶片)和起落架,以及它们的附件和操纵系统。

机载电子硬件

airborne electronic hardware, AEH

如航线可更换单元、电路板组装件、专用集成电路及可编程逻辑器件。

机载设备

appliance

安装或附加在航空器上,但不属于机体、发动机或螺旋桨组成部分的任何仪表、机构、设备、部件、仪器、辅助装置或附件,包括用于或拟用于操纵或控制航空器飞行的通信设备。

机载振动监视器

airborne vibration monitor, AVM

用于监视发动机运行过程中振动水平的设备。

基准大气条件

reference day conditions

指修正气态排出物(碳氢化合物和烟雾)的基准气象条件。基准大气条件如下:温度 = 15℃,绝对湿度 = 0.006 29 千克水/千克干空气,压力 =

101 325 Pa。

基准级程
reference level range

以分贝为单位,包含校准声压级,用于确定测量系统声学灵敏度的级程。

基准频率
reference frequency

以赫兹为单位,由声校准器产生的正弦声压信号的标称频率。

基准湿度
reference humidity

温度与基准湿度的关系规定如下:

(1)当温度等于或低于国际标准大气温度时,相对湿度为80%;

(2)当温度等于或高于国际标准大气+28℃时,相对湿度为34%;

(3)当温度在国际标准大气与国际标准大气+28℃之间时,相对湿度在为各温度所规定的湿度之间作线性变化。

激波噪声
shock noise

又称蜂鸣噪声(buzz noise)。产生在发动机高速旋转状况下,相对马赫数大于1的来流与风扇和压气机转子叶片相互作用形成的向前传播的噪声。

极惯性矩
polar moment of inertia

又称截面二次极矩(second polar moment of aera)。构件截面上面积微元 dA 与其极坐标 r 的平方乘积 r^2dA 在整个截面上的积分为截面的极惯性矩 I_p。

极限引气状态
limit condition of bleed air

表示源自发动机主流道、流量可控的引气处于最大流量的状态。此类引气主要为飞机引气,其具体说明见表2。

表 2　可提供的引气说明

包　含	不　包　含
飞机环境控制系统引气	冷却热端部件的引气
飞机结构防冰引气	主动间隙控制的引气
燃油箱惰化引气	—
发动机自身结构防冰引气	—

极限载荷
ultimate load

极限载荷是各安装构件和结构在异常工况下受到的最大载荷,一般由限制载荷乘上安全系数及某些发动机失效工况造成的载荷共同确定。

极小可能的
extremely remote

尽管把配备该种发动机的多架飞机的总使用寿命作为一个整体考虑也不可能发生，但应仍认为是有可能发生的。当使用数值表示时，通常该概率为 $10^{-7} \sim 10^{-9}$ 次/发动机飞行小时。

计算流体力学
computational fluid dynamics, CFD

研究流体力学模拟方法、求方程数值解、编制计算软件、利用电子计算机和图像设备以研究流体动力学的理论和工程应用中的计算问题的学科。

技术标准规定
technical standard order, TSO

民航局颁布的民用航空器上所用的特定零部件的最低性能标准。

技术标准规定项目批准书
technical standard order approval, TSOA

民航局颁发给符合特定技术标准规定的零部件的制造人的设计和生产批准书。

技术出版物
technical publication

飞机制造商向用户提供的用于飞机使用、维护、检查和修理，备件订货、培训等所需要的所有技术文件。

加速试验
accelerated test

为缩短试验时间，在不改变故障模式和失效机制的条件下，用加大应力的方法进行的试验。

加速因子
acceleration factor

某种应力条件下的加速试验和基准应力条件下的试验达到相等的累积失效概率所需时间之比。

间断最大结冰条件
intermittent maximum icing condition

CCAR-25 部附录 C 和 FAR-25 部附录 C 所规定的一种结冰气象条件，它规定了云层液态水含量、平均有效直径、环境温度、气压高度及云层水平范围之间的一些关系。间断最大结冰条件一般比连续最大结冰条件严酷。

间接效应
indirect effect

闪电在航空器电路中感应的电瞬态。

间隙击穿
gap breakdown

与信号源输出端连接的电极之间间隙的电击穿。这种击穿由高电压或大电流脉冲信号源的电容放电引起。

兼容性
compatibility

处在或工作在同一系统或环境中的两个或两个以上产品、材料相容或不相互干扰的能力。

检测时机
inspection opportunity

发动机被分解至可检测情形的时机,此时发动机至少分解至单元级,是否分解至零件级并无要求,只要关心的构件是可检测的。

检查
check

指为了确定某一项目的工作能力与结构完整性而进行的考察、检验或试验。

剪切模量
shear modulus

在弹性范围内剪应力和剪应变的比值。

剪切应变率
shear strain rate

又称角变形率。应变变化率的一个组成部分。

简单硬件
simple hardware

如果通过了相应设计保证级别的确定性测试与分析方法的合理组合,能确保在可预见工作条件下,硬件正确工作而不产生异常行为。

建议修订通知
notice of proposed amendment, NPA

是指 EASA 法规的建议修订的通知,对应于 FAA 的 NPRM。

降稳因子
destabilizing effect

影响发动机喘振裕度的因素称为降稳因子。降稳因子会使发动机的共同工作线上移和/或喘振边界线下移。民用航空发动机的降稳因子包括但不限于下述内容:

(1)发动机使用过程的性能衰退;

(2)由于制造公差产生的最大允许的压气机/涡轮匹配组合;

(3)对于可调几何机构、引气和控制功能的最大允许装配公差组合;

(4)对于可调几何机构、引气和控制功能的最大允许变化率组合;

(5)马赫数;

(6)飞行高度(雷诺数影响);

(7)进口畸变影响;

(8)工作包线内吸入大雨;

(9)起飞和慢车功率下吸入跑道上的水;

(10)功率的瞬态变化,例如从飞行慢车到最大功率。

降转
run-down

由于燃油控制稳态工作线与燃油控制加速计划一致所导致的非指令性的发动机转子转速的下降。

校准高度
calibrated altitude

对压力高度表显示的指示高度进行静压误差、安装误差和仪表误差修正后确定的高度。

校准空速
calibrated airspeed，CAS

又称校正空速。进行过位置误差（即气动误差）和仪表误差修正航空器指示空速。在海平面标准大气条件下，校准空速和真空速相等。

校准试验
calibration test

校准试验是指申请人在持久试验前后进行海平面条件下的功率和推力检查，以确立典型发动机结构在整个转速、压力和温度范围内的功率特性，并对持久试验期造成的发动机恶化进行测量。

接口
interface

两个或两个以上的系统、分系统及设备间具有功能特性和物理特性的共同边界。

接口控制文件
interface control document

描述功能相关产品的物理接口、功能接口、性能接口和试验接口的接口控制图或其他文件。

结冰条件
icing condition

结冰条件是指一个能够引起在飞机或发动机上结冰的大气环境。

结冰形式
ice formation

由于过冷水滴撞击在推进系统表面形成的结冰形式被分为以下几种。

（1）明冰。一种透明、坚硬的冰，形成在温度接近（但不低于）冰点、液态水含量比较高、水滴直径比较大的空气中。水滴撞击到表面不会马上冻结，而是沿着表面溢流直到结冰。明冰通常没有符合空气动力学的形状，更容易受到空气动力学作用导致脱落。与霜冰相比，明冰同时具有低的冻结系数和低的附着性两个特点。相比较而言，明冰对静止部件有影响，而霜冰通常对转动部件有影响。

（2）霜冰。牛奶状，白色的，在空气中含有较低的液态水含量和较小的水滴直径,在较低的温度形成。典型的霜冰形成符合空气动力学原理的形状,既能形成在发动机旋转件上也能在静态部件上。冻结系数比较高,数值上能接近 1.0。霜冰通常有比明冰更高的黏附属性和更低的密度,其黏附属性随温度降低而增大,但当温度降至某一临界值之后,黏附属性将不再随温度的降低而增大,而是呈基本不变的趋势。

(3)混合冰。明冰和霜冰的混合,它是在明冰的尾部形成轻微的霜冰小片。这个冰形成的温度、液态水含量和水滴尺寸在形成明冰和霜冰数值之间。

界面强度
interface strength

两种不同介质组合材料结合区或过渡区发生界面破坏所对应的强度。

借用件
grafting part

在试验项目中借用的其他项目或正式产品的工程图所生产的件。

进气道
air inlet

发动机工作所需空气的进口和通道。

进气道喉道面积
inlet throat area

进气道喉道面积是安装限制,指的是发动机进气道短舱在其最小内径处的投影面积。

进气畸变
inlet air distortion

在进气道出口、发动机进口截面出现的气流不均匀现象,通常表现为总压不均匀。

进气系统
induction system

通常不包括进气道,主要指发动机内部部件(如帽罩、风扇叶片、压气机静子和转子等)及典型的未防冰表面。

进气总温畸变
inlet total temperature distortion

在进气道出口、发动机进口的界面上出现总温不均匀的现象。

进气总压畸变
inlet total pressure distortion

在进气道出口、发动机进口的界面上出现总压不均匀的现象。

经批准的规范
approved specification

指有证据表明已在取证的发动机

上应用的国际通用规范,或已按规定的程序要求经过验证的规范。

经批准的资料
approved data

适航部门或适航部门委任代表特别批准的任何文件。可包括(但不仅限于)下述方面(适用时): 设计图纸、手册、程序和规范。

经验
experience

是指用于已经取证并成功运行的相似类型发动机的相同或相似部位上的同一材料,需要得到申请人和局方的共同认可。

警告
alert

视觉、听觉或触觉信号,以引起注意或表示系统状态信息。

静承压件
pressurized static part

承受高压载荷的静止部件,或其设计受其所需要容纳的流体的压力影响的部件。可能的示例包括压气机、燃烧室、涡轮机匣、换热器、引气阀门螺线管、起动机、燃油、液压油和滑油系统部件。

静温
static temperature

由测量得到的飞机当地总温减去飞行速度导致的温升计算得到的环境温度。CCAR - 25 部附录 C 规定的温度被假设为环境静温。

局方
administration/agency

指中国民用航空局、中国民用航空地区管理局。

聚集系数
scoop factor

发动机短舱进气道口集雨面积 A_h 与集气面积 A_c 之比。集雨面积 A_h 为短舱进气道入口面积,集气面积 A_c 为通过进气道进口的空气流量所对应的自由流流管面积(图 4)。

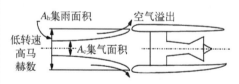

图 4 集雨面积和集气面积示意图

绝对压力
absolute pressure

相对于真空(无压力)测得的液体或气体的压力。

K

可编程逻辑器件
programmable logic device, PLD

一种可以更改以执行特定功能的电子部件。PLD 包括但不限于可编程阵列逻辑（PAL）部件、通用阵列逻辑（GAL）部件、现场可编程门阵列（FPGA）部件及可擦除可编程逻辑器（EPLDs）。

可达性
accessibility

产品维修或使用时，接近各个部位相对难易程度的度量。

可达性措施
accessibility provision

为了使飞机维护工作切实可行，需要在设计时就为被维护对象提供维护所需的通路和足够操作空间。

可接受的符合性说明
acceptable means of compliance, AMC

对规章条款的符合情况的说明。

该文件是 EASA 颁发的对规章的解释性文件，与 FAA 颁发的 AC 类似，一般附在相应的规章后面。

可靠性
reliability

产品在规定的时间间隔内和给定的条件下，完成规定功能的能力。可靠性的概率度量又称可靠度。

可靠性大纲
reliability program

为了保证产品满足规定的可靠性要求而制定的一套文件。它包括按进度安排的、必要的可靠性组织机构及其职责，要求实施的工作项目、工作程序和需要的资源等。

可能的失效状态
probable failure condition

一架飞机在整个运行寿命期间预计出现一次或多次的失效状态。发生的概率数量级在 1×10^{-5} 或以上。

可燃的
flammable

对于液体或气体,可燃的意味着易于点燃或爆炸。

可燃性液体
flammable liquid

闪点为38℃以下的液体。

可调放气活门
variable bleed valve, VBV

可使部分增压级(或低压压气机)出口的空气流入风扇气流,主要用于防止发动机在快速加减速过程产生喘振,也可以将进入增压级(或低压压气机)的外来物(如砂石和水分等)排出。

可调静子叶片
variable stator vanes, VSV

高压压气机前几级静子叶片的角度可以旋转调节,以调节高压压气机内的空气流量,增加压气机的效率和喘振裕度。

可用的
serviceable

如果发动机零部件或组件的物理状态,符合按照 CCAR 33.4 要求提交的持续适航文件中继续使用运行的条件,则该零部件或组件是可用的。

空速
airspeed

飞机相对于未被扰动的大气的飞行速度,分为真实空速、当量空速、校准空速和指示空速。

空域
airspace

高于地面的空中空间或此空间的某一部分,通常由地面上的一个区域向上投影的边界来限定。

空中飞行时间
in-flight hours

航空器每次飞行自起飞时机轮离地起到着陆后机轮触地止所经历的时间总和。

空中停车
in-flight shutdown, IFSD

是指发动机因其本身原因诱发、飞行机组引起或外部影响导致的失效(飞机在空中)并停车,该定义仅适用于延程运行。即使发动机在后续的飞行中工作正常,局方仍将认定以下情形为空中停车:熄火、内部故障、飞行机组导致的停车、外来物吸入、结冰、无法获得或控制所需的推力或动力、重复启动控制等。但该定义不包括下列情形:发动机在空中失效之后立即自动重新点火,以及发动机仅仅是无法实现所需的推力或动力,但并未停车。

空中停车率

in-flight shutdown rate, IFSDR

发动机在平均每 1 000 飞行小时中空中停车的次数,是表征发动机可靠性的主要指标。由于零件损坏、滑油中断、振动过大、超温等发动机本身原因造成的发动机停车,才能计入空中停车率。

控制模式

control mode

指所有定义的发动机控制系统工作状态,该状态下机组人员能够满意地控制发动机,这可能需要结合飞机进行评估。

宽频带噪声

broad band noise

在频谱图上呈连续变化的噪声,由作用在风扇或压气机转子叶片上的脉动压力及叶片后缘处的湍流尾迹所形成的涡流噪声而产生。其频谱连续,声压级随频率的变化比较平缓。

扩散火焰

diffusion flame

扩散的燃料和氧化剂在反应区中相遇后燃烧所形成的火焰。

L

离散源损伤
discrete source damage

鸟撞、风扇叶片非包容性失效、发动机非包容性失效、高能旋转机械非包含性失效或类似原因导致的飞机结构性损伤。

离散噪声
discrete noise

在频谱图上呈离散变化的噪声。风扇或压气机叶片对吸入的空气以周期性扰动及受转子/静子叶片之间的相互作用而产生。该噪声成分的尖峰出现在叶片通过频率基频及其倍频数谐音处,声压级高,随频率变化幅度大,叠加在宽频带噪声成分上。

力学性能
mechanical properties

材料在受力作用时与其弹性和非弹性反应相关的材料性能,或者关于其应力与应变之间关系的性能。

立法建议通告
notice of proposed rulemaking, NPRM

美国政府机构建议更改规章的通告。

连续最大结冰条件
continuous maximum icing conditions

中国民用航空规章(CCAR)第 25 部附录 C 或美国联邦典(CFR)第 14 篇 25 部附录 C 所规定的一种结冰气象条件,它规定了云层液态水含量、平均有效直径、环境温度、气压高度及云层水平范围之间的关系。

联邦法规法典
Code of Federal Regulations, CFR

一部汇编所有美国行政立法及行政管制机构法规的法典。

联邦航空局
Federal Aviation Administration, FAA

隶属于美国交通部,负责美国民航的飞行、航空管制和安全管理等。

联邦航空条例

Federal Aviation Regulations，FAR

由美国主管民用航空的政府机构——联邦航空局颁布的有关民用航空的二级法。涉及民用航空的各个方面,共分 15 章 70 部。

联合航空局

Joint Aviation Authorities，JAA

由欧洲民航会议中 23 个参加国联合组建的民航立法和安全适航的管理机构,成立于 1992 年 1 月,总部设在荷兰的霍夫卓普,其任务包括:制订欧洲航空条例;从事成员国的适航和安全管理;促进成员国内部的公平竞争并保护成员国在国际竞争中的评定地位;颁发航空产品合格证及人员执照;与其他国家民航当局进行合作,协调航空立法及技术标准。在 2008 年被欧洲航空安全局(EASA)替代。

联合咨询通告

advisory circular joint，ACJ

JAA 颁发的对规章进行符合性说明的文件,类似 FAA 的 AC。随着 JAA 被 EASA 替代,ACJ 也被 AMC 替代。

谅解备忘录

memorandum of understanding，MOU

国际协议的一种通常称呼。"谅解备忘录"意指"双方经过协商、谈判达成公示后,用文本的方式记录下来","谅解"旨在表明"协议双方要相互体谅,妥善处理彼此的分歧和争议"。

裂纹

crack

材料或结构缺陷的一种形式。

临界发动机

critical engine

其失效对航空器的性能或操纵品质有最不利影响的发动机。

临界高度

critical altitude

在标准大气和规定转速下,能保持规定功率或规定进气压力的最大高度。除非另有说明,临界高度指在最大连续转速下能保持下述两者之一的最大高度:

(1)最大连续功率,指对于发动机在海平面和额定高度上功率额定值都相同的情况;

(2)最大连续额定进气压力,指对于发动机的最大连续功率受恒定的进气压力控制的情况。

临界引气

critical air bleed

发动机最不利的引气状态或工况。

零部件

part

指任何用于民用航空产品或者拟在民用航空产品上使用和安装的材料、零件、部件、机载设备或者软件。

零部件制造人批准书

parts manufacturer approval, PMA

民航局颁发给供安装在已获型号合格证的民用航空产品上作为加改装或替换用的零部件的制造人的设计和生产批准书。

流量系数/聚集系数

scoop factor/concentration factor

短舱进气道唇缘面积(A_h)与被捕获的空气流管面积(A_c)之比(流量系数=A_h/A_c)。流量系数是飞机空速和发动机功率条件的函数,用以描述进气道以低压压气机或核心机中吸入的可能结冰的液态水含量。流量系数的大小依赖于水滴直径、模拟的空速、发动机推力状态、发动机的几何形状和尺寸。

螺旋桨

propeller

推进航空器的一种装置,在由发动机驱动的轴上装有桨叶,转动时靠其对空气的作用产生与其旋转面几乎垂直的拉力。

M

马尔可夫分析
Markov analysis, MA

又称马尔可夫转移矩阵法,是指在马尔可夫过程的假设前提下,通过分析随机变量的现时变化情况来预测这些变量未来变化情况的一种预测方法。

马赫数
Mach number

流场中某点的速度与该点的当地声速之比。飞机的飞行马赫数是指飞机的空速与同一状态下的声速之比。用符号 Ma 表示。

满意的证据
satisfactory evidence

缔约国接受作为能够充分证明符合适航要求的一套文件或活动。

慢车状态
idling condition

发动机能够稳定和可靠工作的最小推力的工作状态。

毛坯图
blank drawing

产品制造过程中,为铸造/锻造等非切削加工方法制作坯料时提供详细要求(含粗加工要求)的图样。

美国材料与试验协会
American Society for Testing and Materials, ASTM

包括生产者、消费者和监管者的国际机构,负责制定、修订和管理材料标准。

美国国家标准协会
American National Standards Institute, ANSI

一个非营利性的民间标准化组织。通过该组织,使政府和民间相关系统相互配合,起到了联邦政府和民间标准化系统之间的桥梁作用。它协调并指导美国标准化活动,制订标准,给标准化研究和使用单位提供帮助,提供国内外标准化信息,同时扮演标准化管理机关的角色。

美国航空航天工业协会

Aerospace Industries Association of America，AIA

成立于 1919 年,最初称为航空行业商会(ACCA),由当时最先进的 100 家航空相关单位发起成立,协会成立初期至二战期间,主要为航空工业行业提供服务,二战结束后,协会开始更加关注航空工业的贸易和商业利润问题。

美国航空航天学会

American Institute of Aeronautics and Astronautics，AIAA

于 1963 年由美国火箭学会和美国宇航科学学会合并而成,AIAA 的使命是推动航空学和航天学领域中科学、技术、工艺的进步。发展至今,AIAA 已经成为全球最大的致力于航空、航天、国防领域的科学和技术进步和发展的专业性的非政府、非营利的学会。

美国航空运输协会

Air Transport Association of America，ATA

美国航空工业主要的贸易和服务组织,美国的成员航空公司占每年美国定期航空公司承运的客运和货物交通运输的 95%。

美国交通运输部

US Department of Transportation，DOT

发展和完善与交通运输相关的法规,以满足环境和国防的需要,同时交通部也是其联邦政府中的一个基础部门,担负着制定和管理有关政策和项目,从而保护并提高交通运输系统服务的安全及有效性。

蒙皮

skin

机身、机翼等飞机表面的结构件。

民航行政机关

civil aviation administration organization

指中国民用航空局、民航地区管理局。

民用航空标准件

civil aviation standard part

其制造符合确定的工业或国家标准或规范的零件,包括其设计、制造和统一标识要求。这些标准或规范应是公开发布并在航空器或其部件制造厂家的持续适航性资料中明确的。

民用航空产品

civil aviation product

主要包括民用航空器、航空发动机或螺旋桨。

民用航空规章
Civil Air Regulations，CAR

美国联邦法规(CFRs)的前身。

民用航空器
civil aircraft

除用于执行军事、海关、警察飞行任务外的航空器。

名义点火源
nominal ignition source

非失效故障条件下的可燃液体点火源。

明冰
glaze ice

当温度接近并低于冰点，在具有高液态含水量和大水滴尺寸的空气中形成的一种透明的、坚硬的冰。冲击表面的水滴没有立即冻结，而是沿表面反向流动直至冻结。明冰一般具有非空气动力学形状，对导致冰脱落的气动力更加敏感。明冰比霜冰有较低的结冰比例和较低的黏着属性。明冰通常发生在静止件而霜冰发生在转动件。

磨蚀疲劳
chafing fatigue

又称微动磨损疲劳。在交变载荷作用下相互接触的构件表面之间存在微小的相对运动，因摩擦损伤而产生的疲劳破坏。

目视检查
visual check

采取目视直接检查工件表面可见损伤，必要时可使用辅助设备，如镜子、放大镜和工业内窥镜等。

耐火

fire resistant

指零部件暴露在热场或其他特定环境中,可以承受 1 100℃(约 2 000℉)的平均火焰温度至少 5 min,而保持原有功能或结构完整性的能力。

耐久极限

endurance limit

不断循环但不会导致材料疲劳破坏的应力范围。耐久极限由稳态应力、温度和其他因素决定。

耐久极限百分比

endurance limit percent

在进行发动机振动试验后,测量的振动应力与最大允许振动应力的比值。

耐久性

durability

材料的耐久性是指材料抵抗预期服役环境条件长期破坏作用的能力。其中,服役环境条件包括应力、温度、湿度、光照、磨损、腐蚀、氧化等使材料性能随时间延长而衰退的环境因素。

耐受时间

duration (minutes)

发动机部件的属性之一。当部件运作时,环境温度高于最高正常工作温度且低于最高极限工作温度时,部件运作时间不可超过其耐受时间,否则该部件将有发生故障和失效的风险。

耐压压力

proof pressure

又称验证压力。附件或系统在超过额定压力后,在规定的试验条件下无外漏、无永久变形和不影响其功能所能承受的规定的压力。

鸟弹

bird projectile

鸟体包裹后制造成的炮弹。

鸟撞
birds strike

　　航空器被鸟撞击可能造成事故，是航空器设计必须考虑的一种环境条件。

欧洲航空安全局
European Aviation Safety Agency, EASA

2002 年 6 月,欧盟(EU)15 国在布鲁塞尔的会议上决定成立"欧洲航空安全局",目标是最大限度地保护公民的安全,促进欧盟航空业的发展。2008 年 4 月 8 日,EASA 正式接替欧洲 27 国组成的联合航空局(JAA)的职能和活动,同时允许非欧盟的 JAA 成员国和其他非欧盟的国家加入。欧洲自由贸易联盟中的挪威、瑞士和冰岛在 EASA 成立后加入了 EASA。机构的主要职责是起草民用航空安全法规,它还将给欧盟提供技术上的专家,并对有关的国际协议的结论提供技术上的帮助。除此之外,该机构执行与航空安全相关的运行颁证工作,例如,航空产品和有关设计、制造和维护的组织认证。

偶然误差
accidental error

又称随机误差(random error)。在相同条件下对某一物理量进行多次重复测量时,测量值的数值和符号不定,没有一定规律。它的出现具有偶然性(即随机性)。

P

爬升率

rate of climb,R/C

    航空器单位时间内增加的高度。

排出物测试系统

emission test system

    指传输排出物试样和测量排出物水平的必要的所有设备。该系统包括采样系统和测量系统。

排放和通风系统

drain and vent systems

    用于将无用或过量的可燃液体或蒸气排出发动机的部件。

排气排出物

exhaust emission

    指由航空器或航空器发动机排气管排放到大气中的物质。

排气温度

exhaust gas temperature,EGT

    涡轮发动机和 APU 涡轮后温度,是一个重要的参数。

派遣构型

dispatchable configuration

    批准飞行的所有控制系统构型。

喷流噪声

jet noise

    发动机尾喷管排出的高速、高温气流与周围流速较低、温度较低的空气产生边界摩擦并急剧相互混合,形成强烈压力脉动而产生的噪声。

批准的尺寸限制

approved dimensional limit

    批准的尺寸限制又称作可接受的尺寸增长限制,是指在不会导致危害性发动机状态的前提下,轮盘各个位置最大允许的尺寸增长量。这些经批准的尺寸限制用于支持制定与发动机转子超转水平对应的使用限制值,并记录在持续适航文件(ICA)中。

批准的寿命

approved life

    局方批准并且列于持续适航文件

适航限制章节中的零部件强制更换的寿命,又称为寿命限制值。

批准放行证书/适航批准标签
authorized release certificate/approval tag

制造检查代表签发的、用于证实试验产品已经通过制造符合性检查,符合型号设计资料的标签。

批准生产检查系统
approved production inspection system, APIS

确保每一个产品与型号设计一致并且处于安全运行状态。

疲劳
fatigue

材料在交变应力应变作用下,经历足够的应力循环次数后产生裂纹直至完全断裂的过程。

疲劳评定
fatigue evaluation

指对强度、细节设计和制造的评定,必须表明飞机在整个使用寿命期间应避免由于疲劳引起的灾难性破坏。

疲劳强度
fatigue strength

材料或构件在给定寿命下所能承受的应力值。

疲劳寿命
fatigue life

在给定寿命应力或一定的试验条件下,试件由开始加载直到出现疲劳裂纹或完全破坏所经受的应力循环次数。

疲劳损伤
fatigue damage

材料承受高于疲劳极限的交变应力时,每一循环都使材料产生一定量的损伤,导致疲劳强度下降的现象。

疲劳载荷谱
fatigue load spectrum

疲劳设计或试验时,试件、结构或构件所承受的载荷随时间变化的历程。

偏离
deviation

对于规章中明确允许偏离的条款,合格证持有人在提出恰当理由和证明能够达到同等安全水平的情况下,经局方批准,可以不遵守相应条款的规定或者遵守替代的规定、条件或者限制。

平均故障间隔时间
mean time between failure, MTBF

可修复产品可靠性的一种基本参数。其度量方法为:在规定的条件下和规定的时间内,产品累积的总工作时间除以同一时间内的故障总数。

平均水滴直径

median volume diameter, MVD

　该直径按水滴分布将各水滴的总体积分数一分为二(即一半体积的水滴直径大于该直径,另一半体积的水滴直径则小于该直径),数学表达式为

$$\int_0^{MVD} LWC_i\,dD = \int_{MVD}^{\infty} LWC_i\,dD。$$

平均有效直径

mean effective diameter, MED

　在 CCAR-25 部附录 C 中使用的术语。通过美国国家航空咨询委员会(NACA)验证表明如果对水滴分布做一定的假设,即朗缪尔分布(Langmuir distribution),那么平均水滴直径(MVD)和平均有效直径(MED)相同。类似平均水滴直径,参见平均水滴直径(MVD)的定义。

评定

assessment

　对发动机进行的全面、广泛的评估,可包括为证明 CCAR 33.75 所作的分析结论和其他任何资料。

破坏压力

burst pressure

　承受高压载荷的静止部件,或受所需要容纳的流体压力影响的部件受到破坏时的压力。包括压气机、燃烧室、涡轮的机匣、换热器、引气阀门螺线管、起动机及燃油、液压油和滑油系统部件。所有的加油口盖都需要特别注意。

破裂

fracture

　零(部)件被分离成多块或者出现其他不能保持结构完整性的情况。

破裂裕度

burst margin

　破裂裕度是预测的破裂转速与最大允许转速之间的比值,通常表示成百分比的形式。

Q

起动（正常起动）
start（normal start）

利用起动机驱动发动机，同时点火和供给燃油，使发动机由停车状态加速至地面慢车状态的瞬态过程。起动时间和其他参数必须保持在 TCDS 和持续适航指令（ICA）公布的起动限制以内。

起飞
takeoff

航空器从停止状态加速到飞行状态并开始飞行的动作。

起飞安全速度
takeoff safety speed

飞机离地后上升到规定的安全高度时所必须达到的瞬时速度，通常用符号 V_2 表示。

起飞包线
takeoff envelope

指飞机在起降阶段，在地面上方 1 500 ft* 或低于该高度处的运行。如果考虑障碍间隙，起飞包线可能要增加至高于地面上方 1 500 ft 处。旋翼机的飞行包线有专门的规定，A 类旋翼机的起飞包线为 1 000 ft，其他旋翼机则是高度-速度包线。

起飞决断速度
takeoff decision speed

飞机能进行中断起飞且在剩余场长内停止的最大速度。它是在起飞滑跑时仍可停住飞机的最后决策点，通常用符号 V_1 表示。

起飞推力
takeoff thrust

对于涡轮发动机，在特定高度和大气温度的静止条件下和批准供正常起飞的最大转子转速与燃气温度条件下产生的喷气推力，其连续使用时间限于经批准的发动机技术说明书中的规定。

---

* 1 ft = 0.304 8 m。

起飞推力自动控制系统
automatic take-off thrust control system，ATTCS

起飞中使用的完整自动系统,包括感受发动机失效、输送信号、驱动燃油调节器或功率杆或用工作发动机上的其他装置增加发动机功率以得到预期的推力或功率增量和向驾驶舱提供系统工作信息的所有机械和电气装置。

气动载荷
pneumatic load

由管路内部的压差和流通界面面积产生的力。

前缘
leading edge

翼面或螺旋桨叶片首先遭遇空气的边缘。

潜在点火源
potential ignition source

失效故障条件下形成的可燃液体点火源。

潜在火区
potential fire zone

航空器运行期间,在某个时刻,火源或易燃材料与易燃液体和气体或与可燃混合物同时并存的区域。潜在火区是必须同时出现两个故障从而导致潜在着火危险的区域。这些区域还可根据有控制或无控制可能存在着火的基本要素作进一步区分。

潜在结冰条件
potential icing conditions

可能会导致在地面或飞行中飞机积冰的温度和可见湿气而定义的大气结冰条件。

潜在失效
latent failure

已发生但未被检测或通告的失效。

潜在着火危险
potential fire hazard

燃料、火源、助燃剂是着火的三个基本要素。在正常状态下,每一要素或其中两个要素以有控制的状态存在,但是由于功能失常或意外事故,使某控制要素或其组合脱离了控制状态,这些无控制的基本要求同时存在,构成潜在着火危险。

强度
strength

材料或结构在载荷、环境作用下抵抗破坏、变形和保持安全工作的能力。航空器结构强度一般可分为静强度、动强度、疲劳和断裂强度等。

强度极限
ultimate strength

又称破坏强度。材料受外载作用下发生破坏时承受应力的极限值。

强迫振动
forced vibration

又称受迫振动。弹性物体由外界持续激励所引起的振动。

区域安全性分析
zonal safety analysis

影响系统安全的安装、系统界面及潜在维修差错相关的安全分析标准。

屈服点
yield point

材料试样在拉伸过程中,力不增加或保持恒力仍能继续拉伸时的应力,通常用符号 σ_s 表示。

屈服强度
yield strength

又称屈服极限。材料刚刚开始发生塑性变形、进入塑性阶段的应力值,通常此值对应于 0.002 残余应变的应力,用符号 $\sigma_{0.2}$ 表示。

屈曲
buckling

细长杆件和薄壁结构,承受外载作用或经历温度变化而引起内部的压应力达到某一临界值时,突然地产生区别于原平衡形式的大位移,从而大大地降低其承载能力,甚至导致破坏的现象。

权益转让协议
interest transfer agreement

指设计批准持有人与生产批准持有人或者申请人之间签署的、以确定双方为生产民用航空产品或者零部件使用所需的设计资料的权利及责任的合同或者安排。

全局检测
full field inspection

无须针对特定特征或部位而进行的部件检测。

全勤系统
full-up configuration

不存在影响 LOTC 事件故障的系统即为全勤系统。

全球定位系统
Global Positioning System, GPS

基于美国卫星的无线电导航系统,它提供全球定位服务。在 2008 年 9 月发布的 GPS 标准位置系统性能标准第 4 版中定义了民用 GPS 提供的服务。

全权限数字电子控制

full authority digital electronic control，FADEC

　　主要功能由数字电子技术提供，并且电子式发动机控制单元在控制发动机功率或推力时具有完全权限的一种发动机控制系统。

缺陷

defects

　　产品不满足预期的使用要求或合理期望的一种状态。

确认

validation

　　确定对产品的要求是完全正确并完整的过程。

R

燃气涡轮发动机

gas turbine engine

简称燃气轮机。利用燃气驱动的压气机将气体介质压缩,经燃烧加热后在涡轮中膨胀,将部分热能转换为机械功的旋转式动力机械。

燃烧

burning;combustion

燃料与氧气发生反应,伴随有光、热或烟雾的过程。

燃烧不稳定性

combustion instability

燃气涡轮发动机燃烧室中产生的周期性振荡燃烧的现象。

燃烧室

combustion chamber

燃气涡轮发动机的一部分,用来使燃油和压气机所提供的空气相混合而燃烧。

燃油

fuel

为动力装置提供能源的工作介质。

燃油饱和蒸气压

fuel saturation vapour pressure

燃油的物理性能之一。在一定温度下在密闭容器中与燃油建立动平衡的液面上空的燃油蒸气压力。

燃油量指示系统

fuel quantity indicating system

测量油箱内剩余油量并为飞机提供油量指示的系统。

燃油流量

fuel flow

单位时间流过的燃油体积或质量,前者为体积流量,单位用 L/h 表示;后者为质量流量,单位用 kg/h 表示。

燃油流量传感器

fuel flow probe

由于测量燃油流过管路的燃油流

量的装置。

燃油排泄物
fuel venting

指航空燃气涡轮发动机在所有正常的地面和飞行中排出的原始状态的燃油,不包括排气中的碳氢化合物。

燃油系统
fuel system

飞机上装载燃油,并向发动机和APU供给燃油的系统。

燃油消耗率
specific fuel consumption, SFC

又称单位耗油率。动力装置在单位时间内产生单位推力所消耗的燃油量。

扰动
disturbance

当气体绕物体流动、气体在管道中流动或物体在气体中运动时,气体属性(如速度、压力、密度、温度)会起变化,这种现象称为气体受到物体的"扰动"。

热斑点
hot spot

与被闪电电流传导时加热到将要引燃温度的燃料/空气混合物接触的物体表面。

热导率
thermal conductivity

又称导热系数。表征物体中热传导能力大小的一个系数。即面积热流量除以温度梯度。其单位为 $W/(m \cdot K)$。

热电偶
thermocouple

由两端相连用来量取温度的两根不同的金属导线组成。当两端之间有温差时,金属丝内即产生与温差呈正比例的电流。

热应力
thermal stress

物体温度变化呈现分布不均匀时,在物体内产生的应力。

人为因素
human factors

人为因素是一个多学科领域致力于优化人类性能并减少人为错误。它包含了行为与社会科学、工程学与生理学的方法和原则。

认可(适航证)
rendering (a certificate of airworthiness) valid

一个缔约国为承认任何其他缔约国颁发的适航证替代等效于本国颁发的适航证所采取的行动。

任务剖面
mission profile

产品或系统在完成规定任务这段时间内所经历的时间和环境的时序描述,其中包括任务成功或致命故障的判断准则。

任意拉格朗日-欧拉描述
arbitrary Lagrangian-Eulerian,ALE

该方法是一种在初始构形与现时构形外引入参考构形来描述物体运动的方法。初始构形与现时构形都相对于参考构形,从而综合了拉格朗日与欧拉描述的优点,又克服了各自的缺点。该方法可以用于固体大变形问题的描述,如鸟撞。

日历年
calendar year,CY

是指按照世界协调时或者当地时间划分,从本年1月1日零点到下年1月1日零点之间的时间段。

日历月
calendar moon

是指按照世界协调时或者当地时间划分,从本月1日零点到下个月1日零点之间的时间段。

容错
fault tolerance

产品在出现有限数量的硬件或软件故障之后,具有连续正确执行任务的一种设计特性。

冗余
redundancy

系统中使用多个互相独立的方法来实现预定功能。

蠕变
creep

材料在恒定温度、恒定载荷或恒定应力作用下,当恒定载荷达到一定数值时,随着时间的变化而缓慢地发生塑性变形的现象。

软时间检测间隔
soft time inspection interval

自最新或最近检测后,按持续适航文件(ICA)中适航性限制部分(ALS)的要求,发动机可获得单元中的转动部件必须接受检测时所经历的循环数。

R 循环
reverser endurance cycles

模拟反推力装置正常工作,由发动机飞行慢车状态至最大反推力状态的循环过程。

RTO 循环
rejected takeoff operation cycles

模拟中断起飞过程,发动机从额定起飞推力状态到最大反推力状态的循环过程。

三重红线状态
triple redline test condition

按照 150 小时持久试验的要求，发动机同时工作在红线转子转速、红线燃气温度和全额定推力或功率状态时称为三重红线状态。例如，对于一个双转子系统的发动机，发动机同时在高压转子和低压转子的红线转子转速、红线燃气温度及额定推力或功率状态下工作时，即为工作在三重红线状态。

闪点
flash point

指易燃液体的最低温度，在该温度下使火焰靠近已加热的样品，可使蒸气瞬间被点燃或"闪光"。

闪电放电
lightning flash

整个闪电现象。它可能发生在云内、云间或云和大地之间。它由一个或多个回击组成，伴有中间电流或持续电流。

闪电防护
lightning protection

燃油系统的设计和布置，必须能防止在下列情况下点燃该系统内的燃油蒸气：① 在雷击附着概率高的区域发生直接雷击；② 在极可能受扫掠雷击区域发生扫掠雷击；③ 在燃油通气口处产生电晕放电和流光。

闪电回击
lightning stroke

当闪电先导接触到大地或接触到另一个电荷聚集点时发生的闪电电流浪涌。

闪击
lightning strike

闪电放电对飞机的附着现象。

闪击区域
lightning strike zones

根据闪电附着、驻留时间和电流传导的可能性进行分类的飞机表面区域和结构。

设计

design

指说明部件构型及所有必要的定义部件特征的尺寸、公差、材料、过程和程序的图纸和规范。

设计保证

design assurance

型号合格审定申请人为了充分表明其具有以下能力所需要的所有有计划的、系统性的措施：

（1）按适用的适航要求和环境保护要求设计产品；

（2）表明并证实对上述要求的符合性；

（3）向适航部门演示这种符合性。

设计保证系统

design assurance system，DAS

申请人为了落实定义设计保证所规定的设计保证措施所需要的组织机构、职责、程序和资源。

设计符合性

compliance

民用航空产品和零部件的设计符合规定的适航规章和要求。

设计目标风险

design target risk，DTR

材料、加工或使用引起的缺陷所导致的相对失效风险，同时也是概率评估结果（根据部件事件发生率和发动机级事件发生率）的比较基准。由于不必考虑所有变量，而且不是所有变量均可精确量化，数值预测仅用来作为评估同水平输入量的不同方案互相比较的依据。其分析结果通常用于为满足预定目标或者参数化研究而进行的设计优化。此类程序有别于绝对风险分析，前者量化未来事件的预测值作为安全性和可靠性参考，而后者则尝试考虑所有的重要变量。

设计批准

design approval

指局方颁发的用以表明该航空产品或者零部件设计符合相关适航规章和要求的证件，其形式可以是型号合格证、型号认可证、型号合格证更改、型号认可证更改、补充型号合格证、改装设计批准书、补充型号认可证、零部件设计批准认可证、零部件制造人批准书、技术标准规定项目批准书对设计部分的批准或者其他方式对设计的批准。

设计评审

design review

对设计所做的正式、综合、系统性的审查，并写成文件，以评定设计要求和设计能力是否满足要求，识别其中的问题，并提出解决方法。设计评审是对一项设计进行正式的、按文件规定的、系统的评估活动,又不直接涉及开发工作的人员执行。设计评审可采用向设计组建议或帮助的形式或就涉及是否满足客户所有要求进行评估。在产品开发阶段通常进行不止一次的设计评审。

设计许用值
design allowable value

为保证整个结构的完整性,根据具体工程项目要求,在材料许用值和代表结构典型特征的试样、元件(包括典型结构件)试验结果,以及设计与使用经验基础上所确定的设计限制值。

申请人
applicant

指个人、公司、合伙企业、协会或政府实体。包括受托人、接收人、受让人或类似代表。

审定计划
certification plan,CP

申请人制定的关于采用何种符合性验证方法来表明产品符合审定基础的计划。

审定维修要求
certification maintenance requirement, CMR

经正式的数值分析而确定所必需

的定期维修任务,以满足合格审定的要求。

审定项目计划
certification project plan,CPP

局方内部的项目计划文件,用于协调局方内部的人力资源、人员责任和进度。如果申请人的专项合格审定计划(PSCP)中包含了局方审定项目计划(CPP)所需的信息,则可以不必单独制定CPP。

生产批准
production approval

指局方颁发用以表明允许按照经批准的设计和经批准的质量系统生产民用航空产品或者零部件的证件,其形式可以是生产许可证或者零部件制造人批准书、技术标准规定项目批准书对生产部分的批准。

生产许可审定委员会
Production Certification Board,PCB

由局方组织成立的,代表局方负责某一项目生产许可审定工作的最高评审机构。

生产许可证
production certificate,PC

局方颁发用以表明允许按照经批准的设计和经批准的质量系统生产民用航空产品或者零部件的证件。

生产制造地区监督办公室
Manufacturing Inspection District Offices, MIDO

美国 FAA 生产制造监督办公室的次级地区办公室。该办公室负责监督区域内的产品证书、适航证书、许可持有人(生产制造厂家)和设计者。在型号证书的取证过程中生产制造地区监督办公室要协助航空器审定办公室的工作;生产制造监督办公室负责调查和提交 14 CFR 规章的不符合报告。生产制造监督办公室负责调查和确认服务困难项目的纠正措施,以及在质量系统中的执行情况。

声明的飞行包线
declared flight envelope

一系列飞行点的连线,以包线的形式表示允许航空器飞行的高度、速度范围,发动机需要满足在飞机飞行包线内任一点上的工作,工作包线是发动机速度特性和高度特性边界定义的依据。

声疲劳
acoustic fatigue

在高强度声场中,结构因声激励产生声频振动,由此而产生受交变载荷的作用导致结构破坏的一种现象。

声疲劳强度
acoustic fatigue strength

必须用有试验依据的分析,或者用具有类似结构设计和声激励环境的飞机的服役历史表明下列两者之一: ① 承受声激励的飞行结构的任何部分不可能产生声疲劳裂纹;② 假定 CCAR 25.571(b)规定的载荷作用在所有受疲劳裂纹影响的部位,声疲劳裂纹不可能引起灾难性破坏。

声压级
sound pressure level

声压与基准声压之比以 10 为底的对数的 20 倍,单位为 dB。

剩余裂纹扩展寿命
residual crack growth life

裂纹从规定的起始尺寸发展至失效所经历的循环数。

失速
stall

失速是指一个或者多个压气机叶片上的流动出现分离,导致形式多样的压力扰动,这些压力扰动会使压气机压力和流量产生中度振荡或者持续下降。

失效
failure

使得一个元件、零件或基本器件不能执行预期功能的事件,包括功能丧失或者功能异常。

失效机理

failure mechanism

又称故障机理。引起故障的物理、化学和生物等变化的内在原因。

失效结冰

failure ice

指防冰系统(IPS)或其部件失效后,飞机上积累的冰。

失效模式

failure mode

指产生失效的原因或者一个项目、一种功能丧失的样式。例如,因腐蚀、疲劳或出口堵塞引起的失效。

失效模式、影响及危害性分析

failure mode effects and criticality analysis,FMECA

FMECA是分析产品所有可能的故障模式及其可能产生的影响,并按每个故障模式产生影响的严重程度及发生概率予以分类的一种归纳分析方法。其目的在于从不同角度发现产品的设计缺陷和薄弱环节,并采取有效的设计改进和补偿措施提高产品可靠性水平。

失效模式和影响分析

failure modes and effects analysis,FMEA

一种系统地、自下而上地识别系统、产品或功能的故障模式,并确定其对更高层次影响的方法。可在系统的任一层次上进行(如零部件、功能、黑箱等)。利用功能FMEA也可定性分析软件。通常FMEA用来考虑单一失效造成的失效影响。

失效影响

failure effect

对系统或组件在失效状态下运行情况的描述。

失效状态

failure condition

由一个或多个失效引起或促使发动机遭受直接的、随之出现的影响的状态。例如,慢车推力受到限制、滑油漏光。

使用管理计划

service management plan

定义与发动机限寿件相关的运营维护过程及零部件修理限制的计划,使该零部件得以保持工程计划所要求的属性。这些维护过程和限制是持续适航的一部分。

使用困难报告

service difficulty reports,SDR

旧称航空器重要事件。用于以报告的形式对航空器在运行和维修过程中发现和出现在规章CCAR 121.707

和 CCAR 121.708 中规定的系统、结构和部件的失效、缺陷和故障等事件进行记录、保存和提交。

使用寿命
service life/work life

产品从使用到其本身技术状态或从经济上考虑都不宜再进行维修或翻修时的寿命。使用寿命不包括早期故障期和耗损故障期。

使用限制
serviceable limits

不影响零部件批准寿命的可容许的损伤。

使用引起的缺陷
operationally induced anomaly

在服役使用运营(包括飞行操作和维修操作)过程中产生的,对限寿转动件结构完整性存在潜在危害的表面缺陷。

事故
accident

与飞机使用有关的一种意外事件。它发生于从任何乘客或飞行机组人员登上飞机之时起,到机上所有的人都已经下完飞机之时止的这段时间,而在此期间:

(1)任何人,由于在飞机内或飞机上与飞机直接接触或通过某种物体与飞机连在一起,而遭受死亡或重伤;

(2)飞机受到严重损坏;

(3)造成第三者财产的损坏。

事故率/事故概率
accident rate/accident probability

安全性的一种基本参数,其度量方法为:在规定条件下和规定时间内,由于系统或设备故障造成灾难性事故总次数与寿命单位总数之比。

事故调查和预防
accident investigation and prevention, AIP

涉及飞机事故调查和所有美国国家运输安全委员会(NTSB)相关的活动。

事件
event

由所关注或研究对象意外的因素引起的事件,如对于飞机而言,大气状况(如突风、温度变化、结冰和雷击)、跑道状况、通信导航状况、空中交通管制、维修、鸟撞、客舱和行李着火,但并不包含蓄意的破坏。

试车台
test rig

在维修或试验时,使用可控的固定仪器设备来评估涡轮发动机性能的设备。

试飞

flight test

为测量航空器或航空器部件的运行、飞行特性而进行的飞行。

试验

test

是指充分且必要的静力试验、疲劳试验、腐蚀试验、功能试验等。

试验产品

test product

型号合格审定中用于各种验证试验的试验件、原型机及其零部件。

试验件

test hardware

待审定的发动机部件或零件,这些部件可能装配在发动机上,或者不与发动机相连但仍属于发动机部分。当试验设备的给定段背离了型号设计,通常需要进行"协调",申请人应该在试验计划中表明试验部件和型号设计部件的对比分析。申请人必须证实任何非型号设计件仍然代表了型号设计件的性能、耐久性及运行特性。此外,非型号设计件不能对其他任何部件或系统的功能产生有害影响。申请人可以使用对试验环境承受力弱于型号设计件的非型号设计件,反之不然。所有用于认证试验的非型号设计件必须得到局方的批准。

试验紧要件

germane or primary hardware

对于给定的试验目标,直接影响审定试验的结果和通过/失败准则的试验件。

视情维修

on-condition maintenance

对产品进行定期或连续监测,发现其由功能故障征兆时,进行有针对地维修。它是预防性维修的一种方式。

适航

airworthiness

适航性的简称,是民用航空器的一种属性。指在预期的使用环境中和在经申明并被核准的使用限制之内运行时,航空器(包括其部件和子系统的性能和操纵特点)的安全性和物理完整性。

适航工程师

airworthiness engineer

在航空企业内部负责适航工作的技术员,包括在工程设计部门内部从事符合性验证的工程技术人员,即适航验证工程师和适航职能部门内部的适航符合性工程师。

适航管理

airworthiness management

对航空器的适航性进行控制,包

括两个要素：

（1）符合经批准的型号设计；

（2）处于安全可用状态。

适航管理程序
aviation procedure, AP

各职能部门下发的有关民用航空规章的实施办法或具体管理程序，是各职能部门工作人员从事管理工作和法人、其他经济组织或者个人从事民用航空活动应当遵守的行为规则。

适航规章
airworthiness regulations

指 FAR/CCAR 的 23 部、25 部、27部、29 部、31 部、33 部和 35 部，规章包含某类产品的标准规范。

适航批准
airworthiness approval

指局方为某一航空器、航空发动机、螺旋桨或者零部件颁发的证件，表明该航空器、航空发动机、螺旋桨或者零部件符合经批准的设计并且处于安全可用状态。

适航审定部门
airworthiness certification department

中国民用航空局航空器适航审定司(适航司)、各地区管理局适航审定处、各航空器适航审定中心(审定中心)、航空安全技术中心航空器适航室。

适航审定司
Aircraft Airworthiness Department, AAD

中国民用航空局主管航空器适航审定的司，下设综合处、适航审定处和适航法规标准处。

适航审定中心
Airworthiness Certification Center, ACC

民航局直属的负责航空适航审定的事业单位，主要职责是：

（1）型号合格审定、补充型号合格审定和生产许可审查相关工作，协助管理型号合格证和生产许可证；

（2）协助编发适航指令；

（3）协助制定(修订)适航标准及其相关文件；

（4）参与重复性和多发性事故的工程评估、分析和研究；

（5）民用航空发动机、螺旋桨、辅助动力装置等适航审定新技术。

适航委任代表
airworthiness designated representative

可简称委任代表，民航行政机关委派的民航行政机关以外、在授权范围内从事适航管理中有关审定、检验工作的个人。委任代表为民航行政机关颁发适航证件进行技术检查所出具的技术检查结果，作为民航行政机关颁发适航证件的依据。包括委任工程代表

（designated engineering representative，DER）、委任制造检查代表（designated manufacturing inspection representative，DMIR）、委任适航代表（designated airworthiness representative，DAR）和委任航油航化代表（designated fuel chemical representative，DFCR）。

适航委任单位代表
airworthiness designated organization representative

民航行政机关委派的民航行政机关以外、在授权范围内从事适航管理中有关审定、检验工作的单位或者机构。委任单位代表为民航行政机关颁发适航证件进行技术检查所出具的技术检查结果，作为民航行政机关颁发适航证件的依据。

适航性限制
airworthiness limitation，AL

在型号审定过程中规定的某些结构项目（包括机体、发动机、螺旋桨等）的使用限制。

适航性限制部分
airworthiness limitation section，ALS

包括任何被批准的由制造商或局方型号合格审定办公室确认的适航性限制。

适航性限制项目
airworthiness limitation instructions，ALI

该文件列出是在型号审定过程中规定的某些结构项目包括机体、发动机和螺旋桨的使用限制，ALI 是基于 MSG 分析方法发展的维修任务，ALI 的更改必须由初始型号审定部门做出。

适航证件
airworthiness certificate

型号审定、生产审定和适航审定相关证件。

适航指令
airworthiness directive，CAD *

中国民航局依据《中国民用航空规章》（民用航空器适航指令规定）（CCAR－39 部），对运行中的航空器进行安全管理的一种手段。通常是针对在民用航空产品在使用过程中出现的不安全状态所采取的一种强制性检查要求、改正措施或使用限制。颁发适航指令是中国民航局所承担的日常安全管理工作之一。

寿命管理
life management

指一系列相互关联的工程、制造和运营支持行为，用来确保发动机限

---

* 美国的适航指令为 AD，中国的适航指令为 CAD，本书采用中国的适航指令。

寿件在到达运营危险状态前拆除。

寿命限制
life limit

以有限的飞行次数或飞行循环数表示的运营暴露限制。对转子件而言,它等同于萌生长约 0.076 2 cm、宽约 0.038 1 cm 的裂纹所需的最小飞行循环数。对于限寿件中受压力载荷作用的静子件而言,其寿命限制应为裂纹萌生寿命与部分残余裂纹扩展寿命之和。

属性
attributes

决定成品零部件在失效前达到批准寿命的内在特性

霜冰
rime ice

低温下,在具有低液态含水量和小水滴尺寸空气中形成的一种混浊的白色冰。霜冰一般在旋转的和固定的两种发动机构件上形成,呈符合空气动力学原理的形状。霜冰的冻结率较高,一般接近 1。霜冰一般具有比硬冰高的黏附属性和低的密度。黏附属性随温度降低到测试点而增加,但之后再降低温度,黏附属性不再提高。

水力直径
hydraulic diameter

水力直径是指过流段面积的四倍与周长之比,$4A/P$,其中 A 为过流段面积,P 为过流段的周长。

水撞击速率
water impingement rate

在水滴随气流运动过程中,水滴撞击到固体的部分表面上的速率,单位为 $g/(m^2 \cdot s)$。

瞬时功率损失
momentary power loss

由瞬态事件(如脱冰)导致的发动机功率或推力的短时下降。

瞬态
transient

在两个稳定状况之间,发动机参数随时间变化的状态,例如,起动、加速及减速状态。

瞬态失效载荷
transient failure load

从发动机结构失效到发动机停车或达到风车转速这段时间内所产生的载荷。

瞬态转子轴超转/输出轴超扭/瞬态燃气超温
transient rotor shaft overspeed/ output shaft overtorque/transient gas overtemperature

从慢车迅速加速至额定功率或推力后伴随的瞬态转子轴超转、输出轴超扭或瞬态燃气超温。

碎片扩散角
fragment spread angle

从单个转子旋转平面中心的前部和后部测量,始于发动机或辅助动力装置轴向中心线的角度。

损伤
damage

制造(加工、生产、装配或处理)或使用引起的结构异常。

损伤类别
category of damage

基于剩余强度能力、要求的载荷水平、可检性、检测间隔、损伤威胁,以及产生损伤的事件是否明显可察,定义了5类损伤。

损伤容限
damage tolerance

寿命管理过程中的一个要素,用来识别部件由于材料内部构造、材料加工、部件设计、制造或使用而导致的潜在缺陷,并通过综合应用断裂韧性设计、断裂力学、工艺控制和无损探伤处理此类缺陷。

损伤容限评定
damage tolerance evaluation, DTE

确定是否要开展维修活动以检测或排除可能导致灾难性破坏的疲劳裂纹的过程。当损伤容限评定应用于修理和改装时,它包括对修理或改装的评估及对受修理或改装影响的疲劳关键结构的评定。

S1 流面
S1 surface

叶片通道进口沿叶高任取一根周向圆弧线,该圆弧线上各气体质点流经叶片通道的轨迹形成的一个翘曲面。

S2 流面
S2 surface

S2 流面是由叶身型面决定的空间曲面,在一个叶片排的叶栅槽道中,a1-a1 线上的质点流动形成的流线总和构成了 S2 流面,如图 5 所示。

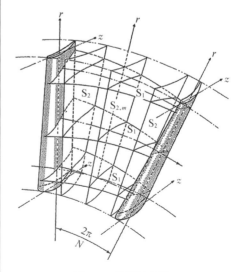

图 5　S2 流面示意图

T

弹性
elasticity

在拆除引起变形的作用力之后，材料能立即回复到其初始尺寸及形状的特性。

弹性模量
elastic modulus

又称杨氏模量（Young's modulus）。表示材料对弹性变形的抵抗力。在弹性范围内其大小等于正应力 σ 和正应变 ε 的比值。

特定风险
particular risk

与所分析的系统或产品外部的事件或影响相关，且可能破坏功能或故障独立性声明的风险，如火灾、鸟撞、轮胎爆破、闪电和高强度辐射场等。

特定风险分析
particular risk analysis, PRA

一种对已确定的特定风险可能给相关的飞机、系统或产品造成的影响及影响严重程度进行分析的技术。

特征
feature

指部件或零件所特有的位置、结构形状或表面。对盘而言，其特征包括叶片榫槽、过渡圆角或者轮缘位置。其他例子有槽、榫槽及孔。每个独有的特征的主要加工工艺通常并不相同。

通用航空器
general aviation aircraft

除航空承运人所用的航空器以外的所有民用航空器。

突风
gust

又称阵风。一种离散的或不确定的风速变化。

突风载荷
gust load

由风突变产生的载荷。

湍流
turbulence

旧称紊流。流体的一种不规则的堆积运动。它一般具有以下特征：

（1）湍流中各流体微团相互杂乱掺和；

（2）湍流中充满了高度起伏的漩涡；

（3）湍流的动能总要通过黏性摩擦而耗散等。

推进系统
propulsion system

是由一个动力装置和随同装到机身上的所有其他用以提供支持、监测与控制任一个动力装置的功率或推力输出等必要功能的设备共同组成的一个系统。

推力
thrust

喷气发动机的驱动力。气流作用在发动机内、外表面上各种力的合力，即发动机所产生的推动飞行器运动的力。

推力或功率的下降
power or thrust degradation

在满足持续的功率或推力损失的前提下，发动机的修正推力或功率和额定或试验前相比变化幅度不超过10%，推力或功率的设定参数除外（风扇转速、发动机压比、扭矩、转子功率等）。

推力控制丧失
loss of thrust control, LOTC

对于不用在旋翼机上的涡轮发动机而言，当发动机控制系统发生如下事件时，则认为产生了 LOTC 事件：

（1）通过正常的油门杆移动，发动机推力无法在飞行慢车和90%最大额定推力（处于任何飞行状态）之间进行调节；

（2）发动机推力不可接受的振荡；

（3）无法满足 CCAR 33.65 和 CCAR 33.89 中发动机可操作性要求。

推力控制系统
thrust control system

对发动机的推力进行自动调节的系统。发动机的推力通常是通过控制发动机的油门来调节转速，从而达到控制推力的目的。

推力轴承
thrust bearing

又称止推轴承。承受转子轴向载荷的轴承。

退化
degradation

逐渐丧失完成规定功能能力的过程。

脱冰周期

ice shed cycles

在给定的功率和结冰条件下,冰在推进系统表面上形成和脱落的时间周期。一个脱落循环可以用可视化方法鉴别(如高速摄像机观察风扇或低压压气机进气导向叶片部件)和发动机测试仪表读取(如振动传感器、温度传感器、转速传感器等)。

W

外部管路、接头和其他部件
external lines, fittings and other components

输送易燃液体的发动机部件位于发动机本体框架外,包括但不限于燃滑油管路、附件齿轮箱、泵、热交换器、阀门和燃油控制单元等。

外部件
external components

外部件是指直接或间接安装在发动机机匣外的部件,包括发动机成附件、发动机系统部件、发动机连接件、管路及传感器等。

外部事件
external event

事件发生的原因与发动机或飞机无关,如结冰或鸟撞。

外场可更换单元
line replaceable unit, LRU

飞机在航线维修作业期间,可以方便地使用标准工具在飞机上更换的

产品。

外物吸入损伤
foreign object damage, FOD

由于碰撞或吸入鸟类、沙石、冰雹或其他碎片而对发动机的任何部位造成的损伤。

完整性
integrity

使系统在规定的使用寿命期内和在规定的使用条件下,具有规定的性能、可靠性和保证性的基本特性。

危害
hazard

有可能导致人员受到伤害、疾病或死亡,系统、设备、财产遭破坏或受损,环境受到破坏的任何现有的或潜在的状况。

危害性发动机状态
hazardous engine condition

可能导致以下后果的发动机状态

称为危害性发动机状态:

(1)非包容的高能碎片;

(2)客舱用发动机引气中有毒物质浓度足以使机组人员或乘客失去能力;

(3)与驾驶员命令的推力方向相反的较大推力;

(4)不可控火情;

(5)发动机安装系统失效,导致非故意的发动机脱开;

(6)完全失去发动机停车能力。

危害性分析
criticality analysis, CA

故障模式与影响分析的延伸,其等级按每一故障模式的严酷度类型和发生概率所产生的综合影响进行划分,以便全面评价各种可能出现的故障模式的影响。

危险量
hazardous quantity

易燃液体、蒸气或其他材料的总量足以维持严重火情,并持续形成整体火情危害或导致危害发动机后果。在无法给出非常合适的具体量值时,可参考 AMC - E 130 中定义的超过 0.25 L 燃油或其他等热值的可燃物。

危险状况
hazardous condition

危险状况指 CCAR 33.75(g)(2)条款中列出的危害性发动机后果或任何其他由于暴露在火中而危害发动机连续安全运行与停车的状况。

维修
maintenance

为修复或保持产品处于可使用状态所需的活动,包括维护、维修、翻修、检查及状态的确定等。

维修暴露间隔
maintenance exposure interval

发动机距上次大修进厂维护间隔内飞行循环数的分布。进厂维修指发动机、单元或部件暴露以便实施维修活动。

维修大纲
maintenance program

规定所要完成的维修活动的逻辑顺序大纲。要完成的维修活动可以作为一项项活动或作为整体中的一件件工作来进行,而当这些活动或工作集合起来进行时,就能达到所要求的维修标准。它是飞机预防性维修要求的汇总文件,一般应包括进行预防性维修工作的产品项目、工作类型、间隔期及维修级别等。

维修工程管理手册
maintenance engineering management handbook

航空运营人编制的有关飞机维

修实施、计划、控制和工程技术管理的说明文件,该文件将包括相关的原则、管理要求、技术标准和实施程序等方面的内容,以此来确保运营人飞机相关的所有计划和非计划维修能够得到有效的控制,并得以及时、满意地执行。

维修计划文件
maintenance planning document, MPD

由机体制造商编制,用来提供数据以帮助用户编制定期维修大纲和修订经批准的定期维修大纲。

维修审查委员会
Maintenance Review Board, MRB

由有资格的局方人员组成,其任务是在制定维修审查委员会报告及改版过程中,向工业指导委员会(ISC)和工作组(WG)提出审查意见。它受航空器评估组(AEG)指派的 MRB 主席的领导。

维修审查委员会报告
maintenance review board report, MRBR

维修审查委员会(MRB)负责制定和修订飞机的初始检查和维修要求,并以 MRB 报告(MRBR)的方式报飞行标准司批准颁发。维修审查委员会报告是由航空器制造人制定

并由民航局批准的、针对衍生型号或新型号审定航空器的初始最低计划维护和检查要求。该报告包含了对航空器、装机发动机维修方案的初始最低计划维修和检查要求,但并未包含对独立未装机发动机的维修方案。该报告是航空运营人建立自己维修方案的基础。

维修限制
repairable limit

零部件的损伤是可修的,且不影响其批准寿命。

维修性
maintainability

产品在规定的条件下和规定的时间内,按规定的程序和方法进行维修时,保持或恢复到规定状态的能力。维修性的概率度量又称维修度。

维修指导小组——第二特别工作小组
maintenance steering group — 2nd task force, MSG‑2

由美国航空运输协会创建的维修分析逻辑方法,又称航空公司/制造人维修大纲计划文件,主要用于 1980 年以前设计、生产的航空器。MSG‑2 是针对维修方式的分析逻辑,其分析结果是指定各单体的定时、视情、监控等具体维修方式。

维修指导小组——第三特别工作小组
maintenance steering group — 3rd task force，MSG－3

由美国联邦航空局（FAA）、美国航空运输协会（ATA）、美国和欧洲的飞机/发动机制造厂家、多国的航空公司联合制定的维修决断逻辑和分析程序，又称航空公司/制造人维修大纲制定文件。MSG－3 是针对维修工作的分析逻辑，其分析结果是为系统/分系统指定具体的维修工作。

委任单位代表
authorizing representative

民航行政机关委派的民航行政机关以外、在授权范围内从事适航管理中有点审定、检验工作的单位或者机构。委任单位代表为民航行政机关颁发适航证件进行技术检查所出具的技术检查结果，作为民航行政机关颁发适航证件的依据。

委任工程代表
designated engineering representative，DER

具备资格的技术人员，为满足相关适航规章要求，执行的测试、试验和检查任务。委任工程代表按专业可分为：结构委任工程代表、动力装置委任工程代表、系统和设备委任工程代表、无线电委任工程代表、发动机委任工程代表、螺旋桨委任工程代表、试飞分析委任工程代表、试飞院委任工程代表和声学委任工程代表。每种委任工程代表需在民航行政机关规定的授权范围内，当确认相关工程资料符合相关适航规章时，可批准这些工程资料。

委任工程代表型号资料审查表
DER statement of compliance

授权的委任工程代表填写的、用于证实型号资料已经过审查、符合要求并按授权予以批准或提出批准建议的表格。格式见 CAAC 表 AAC－208。

委任航油航化代表
designated fuel chemical representative，DFCR

委任航油航化代表在民航行政机关规定的范围内，有如下权限：

（1）根据民航行政机关在航空油料生产制造、储运、加注、检验领域的授权，进行为颁发证件或确认证件有效性所必需的检查和测试；

（2）根据民航局行政机关在航空化学品设计、生产制造及检验领域的授权，进行为颁发证件或者确认证件有效性所必需的检查和测试。

委任适航代表
designated airworthiness representative，DAR

委任适航代表在民航行政机关规

定的权限范围内,对指定的航空器、发动机、螺旋桨或者零部件,按照民航行政机关具体授权进行为颁发适航证件所必需的检验、检查和测试工作。

委任制造检查代表
designated manufacturing inspection representative,DMIR

委任制造检查代表在民航行政机关规定的范围内,对聘用单位生产的航空器、发动机、螺旋桨或者零部件有如下权限:

(1)进行必要的检查;

(2)为民航行政机关颁发证件进行技术检查;

(3)在民航行政机关授权的地点对聘用单位的供应商行使授权的职责。

未覆盖故障
uncovered fault

未覆盖故障是指一种故障或失效不存在检测机制或存在检测机制但无法容错。

位移
displacement

物体或结构各质点相对于其初始位置发生的移动。

温度
temperature

CCAR-25部附录C中是静态环境温度。

温度换算
temperature extrapolation

将某真实温度换算至特定工况下的温度。

温度梯度
temperature gradient

在特定区域和给定时间内温度沿等面法线方向的变化率。

稳定积冰
stabilized ice accretion

发动机任何部件上都没有冰积聚增加或者通过摄像机、指示仪器证实积聚的冰存在一个规律性的脱冰周期的状态。

稳定静态
stabilized static condition

马赫数为0的静止状态,推力状态达到稳定后再计算响应时间。

稳定运行
stabilized operation

在结冰测试期间,当位于测试点时(如果冰在聚集中,多次成冰或脱离循环期间)及在油门过渡过程中,应证明发动机稳定、可靠和平稳运行。名词"稳定"被用来陈述稳定的冰聚集和稳定的发动机运行。用摄像机或指示设备监视到,当冰不再形成在发动机部件上或聚集的冰已经证明了一个规则的脱落循环,则冰聚集是稳定的。发动机运行稳定是指,当测试的发动机参数没有变化或通过被测试发动机参数记录证实有一个规律性的、可重复的脱冰周期时,就认为发动机运行是稳定的。

稳定状态
steady-state condition

发动机的功率/推力或扭矩等参数不随时间发生明显变化的运行状态。

问题纪要
issue paper, IP

用来确认和解决型号合格审定过程中发生的有关技术、规章和管理的重要或有争议问题的一种手段,也是用来确定问题处理进展情况的手段,并且是证后对问题处理情况进行总结的基础。

问题纪要汇编
issue book

将所有的问题纪要汇编成册并进行动态管理的汇总性文件。在型号合格审定过程中,型号合格审定审查组组长收集当时情况下的所有问题纪要并汇编成册,供责任审定单位、责任审查部门、型号合格审定委员会(TCB)、型号合格审定审查组和申请人使用。

同时,问题纪要汇编可作为今后其他型号合格审定的参考。

涡轮风扇发动机
turbofan engine

简称涡扇发动机。在压气机前装有一级或多级风扇,流经外涵的气体工质由内涵涡轮驱动的风扇压缩,由喷管排出燃气和风扇排出空气共同产生反作用推力并由内、外两个涵道构成的燃气涡轮发动机。

涡轮喷气发动机
turbojet engine

简称涡喷发动机。在单个流道内靠发动机喷管喷出的高速燃气产生反作用推力的燃气涡轮发动机。

涡轮膨胀比
turbine expansion ratio

简称膨胀比。涡轮喷管出口绝对压力与涡轮扩压段出口绝对压力之比。

涡轮特性曲线
turbine characteristic curve

表示涡轮的效率、流量、功率和转速与压力、温度等主要参数之间关系的曲线。一定结构尺寸的涡轮,其独立变量与从属变量之间的关系曲线就是该涡轮的特性曲线。

涡轮噪声
turbine noise

涡轮风扇发动机火焰筒与主排气喷管之间产生的噪声,包括离散频率噪声和随机噪声两者。

无损检测
non-destructive testing,NDT

以不改变检测对象的状态和使用性能为前提,应用物理和化学理论,对各种工程材料、零部件和产品进行有效的检验和测试,以评价它们的完整性、连续性、安全可靠性及力学和物理性能等。

物理转速
physical rotational speed

转子系统未经换算的旋转速度,以每分钟转速为单位(r/min)

吸鸟

bird ingestion

鸟进入涡轮发动机进气道或撞击发动机结构。

熄火

flameout

燃烧室内的火焰熄灭,如果没有后续的操作人员或自动恢复系统的介入,通常会导致发动机降转最终停车。

系统

system

为实现一个或多个特定的功能的相互有关联作用的元素组成的整体。

系统安全性分析

system safety analysis,SSA

一种安全性评估方法,系统、综合地评估所实施的系统,表明其满足相关安全性要求。

细节疲劳额定强度

detail fatigue rating,DFR

材料或构件在特定条件下的疲劳强度值。

限时派遣

time limited dispatch,TLD

一种允许带着某些故障的飞机在有限的时间内派遣的方法。

限制载荷

limit load

限制载荷是各安装构件和结构在正常运行中预期受到的最大载荷。

相对湿度

relative humidity

表示空气中的绝对湿度与同温度下的饱和绝对湿度的比值,通常用百分比表示。

相关或主要设备

germane or primary hardware

直接影响给定试验目标通过/失

败准则的审定设备。申请人应该在提交给局方的审定试验计划中确认相关设备。

相应适航要求

appropriate airworthiness requirements

局方为航空器、发动机或螺旋桨所确定、通过或接受的全面而详细的适航规范。

项目工程师

project engineer, PE

是责任审查部门指定的,对获得型号合格证或型号设计批准书后的航空器设计状态变更和制造过程中出现的设计构型偏离进行日常管理和监控,并对设计保证系统进行日常监察的人员。

新工艺

new process

型号中首次使用的工艺或由新材料引起的工艺改进。

新航空器

new aircraft

指一直由航空器的制造商或者经销商所有,其间没有被他人所有或者出租给他人,仅进行过必要的生产试飞、制造人为训练机组而进行的飞行或者交付飞行的航空器。

信息通告

information bulletin, IB

民航局各职能部门下发的反映民用航空活动中出现的新情况及国内外有关民航技术上存在的问题进行通报的文件。

型号合格审定

type certification

中国民用航空局(CAAC)对民用航空产品(指航空器、发动机和螺旋桨)进行设计批准的过程(包括颁发型号合格证、型号设计批准书及对型号设计更改的批准)。

型号合格审定基础

type certification basis, CB

简称审定基础。经型号合格审定委员会确定的、对某一民用航空产品进行型号合格审定所依据的标准。型号合格审定基础包括适用的适航规章、环境保护要求及专用条件、豁免和等效安全结论。

型号合格审定审查组

type certificate team, TCT

是型号合格审定委员会(TCB)下设的审查团队,根据需要,审查组可分为若干个专业审查小组或专题审查小组。

型号合格审定委员会

type certificate board, TCB

是型号合格审定项目的管理团队,负责监控型号合格审定项目的审查工作,解决审查中出现的重大问题。

型号合格证

type certificate, TC

中国民用航空局根据中国民用航空规章《民用航空产品和零部件合格审定规定》(CCAR - 21 部)颁发的、用以证明民用航空产品符合相应适航规章和环境保护要求的证件。

型号合格证持有人

type certificate holder, TCH

可以使用型号合格证来制造新飞机、发动机、螺旋桨的个体,此人需要具有局方接受的书面许可协议。

型号合格证数据单

type certificate data sheet, TCDS

与型号合格证或型号设计批准书同时颁发并构成型号合格证组成部分的文件。它记载了经批准的型号设计的基本数据和使用限制。

型号检查报告

type inspection report, TIR

审查代表按分工编写的、为了证实航空器原型机符合适航规章而进行检查和试验的正式记录,记录在检查和试验期间所发现的所有重要情况。航空器型号检查报告分为地面检查和飞行试验两部分。

型号检查核准书

type inspection authorization, TIA

型号合格审定审查组组长签发的,批准审查代表(含委任代表)对航空器原型机进行审定飞行试验前检查、现场目击或进行飞行试验的文件。型号检查核准书(TIA)中明确了检查和审定飞行试验审查的具体要求。

型号设计

type design

某一产品的技术定义,包括:图表说明、尺寸材料过程、适航限制、由适当经过培训和项目类别资格的所有人实施特殊检查或预防性维修方案(如需要),以及其他产品设计的说明数据,以判断适航、噪声、放油、排气状态。

型号设计件

type design hardware

用来符合 CCAR 21.31 条款要求的发动机硬件。

型号设计资料

type design data

根据《民用航空产品和零部件合格审定规定》(CCAR - 21 部)第 21.31

条规定,型号设计包括:

(1)定义航空器构型和设计特征符合有关适航规章和环境保护要求所需的图纸、技术规范及其清单;

(2)确定民用航空器结构强度所需要的尺寸、材料和工艺资料;

(3)适航规章中规定的持续适航文件中的适航性限制部分;

(4)通过对比法来确定同一型号后续民用航空器的适航性和适用的环境保护要求的其他资料。

以上型号设计包括的资料称为型号设计资料。

型号资料
type data

型号设计资料与符合性验证资料的统称。

型号资料批准表
type data approval form

审查代表填写的、用于证实型号资料已经过审查、符合要求并予以批准的表格。

型号资料评审表
type data review form

审查代表或授权的委任工程代表填写的、用于记录型号资料审查过程及将型号资料审查意见向申请人反馈的表格。

行政法规
administrative rules and regulations

国务院为领导和管理国家各项行政工作,根据宪法和法律制定的政治、经济、教育、科技、文化、外事等各类法规的总称。这些法规具有全国通用性,是对法律的补充,在成熟的情况下被补充进法律。

修理
repair

按照有关适航要求的规定将某一航空产品恢复至适航状态。

修正案
amendment

修正案是立法机关对于现有法律的修改,以避免重新立法,节省资源,同时不会改变现行法律的总条数,有利于法律的稳定性。

虚假起动
false start

发动机转子被起动机加速,同时给燃烧器供油,但点火系统未激活的情况。

虚警
false alert

指没超过系统设计的限制警告或警示阈值时发出的警告或告警信息。

许用应力

allowable stress

又称允许应力。在各种工作条件下保证结构正常工作时所允许的最大应力值。

巡航

cruise

飞机的高度和速度基本上没有变化的飞行阶段。

巡航高度

cruise altitude

在航线上水平飞行期间,飞机所保持的高度或飞行高度层。

Y

压力高度
pressure-altitude

一个用高度来表达的大气压力，该高度对应于标准大气中的压力。

压气机
compressor

发动机内的一个旋转部件。由涡轮相连的机械轴驱动，用来增加吸进空气的压力和温度，以供燃烧室使用。

压气机出口压力
compressor discharge pressure，CDP

发动机高压压气机出口的压力。

压气机特性曲线
compressor characteristic curve

表示压气机效率、流量、转速和压比之间关系的曲线。

压气机压比
compressor pressure ratio

压气机出口总压与进口总压之比。

亚声速飞机
subsonic airplane

最大使用限制速度不超过马赫数1的飞机。

烟雾
smoke

指排气中不透光的物质。

烟雾探测器
smoke detector

在机舱或任何指定区域内，能测到烟雾或火并报告机组人员的装置。

延程运行
extended operation，ETOPS

指除了以全货运行以外，飞行期间有部分飞行是在超出 CCAR－121 部和 CCAR－135 部所规定的时间极限下进行的一种运行，其中，该时间极限使用标准大气条件下静止空气中批准的一台发动机不工作巡航速度来确定。

注：根据 CCAR－121 部规定，延程运行

是在飞机计划运行的航路上至少存在一点到任一延程运行可选备降机场的距离超过飞机在标准条件下静止大气中以经批准的一台发动机不工作时的巡航速度飞行 60 min 对应的飞行距离(以两台涡轮发动机为动力的飞机)或超过 180 min 对应的飞行距离(以多于两台涡轮发动机为动力的载客飞机)的运行。

延程运行重要系统
ETOPS critical system

指失效或者故障时可能对 ETOPS 飞行的安全或者对在 ETOPS 改航过程中飞机的继续安全飞行和着陆具有不利影响的飞机系统,包括推进系统。

研制保证
development assurance

具有足够的置信度水平,用于证明研制错误已被识别和纠正,致使系统满足适用审定基础的有计划和系统性的行为。

演示
demonstration

通过观察的方式来验证性能的一种方法,如观察试验或系统运行等。

验证
verification

(1) 对要求评估判断是否得到满足;

(2) 对过程结果评估以确认提供

了输入和标准的正确性和一致性。

验证与确认
validation and verification, V&V

审定与验证的方法。

叶片
blade

在喷嘴环、叶轮扩压器中用以改变气流参数,实现能量转换的要求,一般由特定的叶型组成。

叶型
blade profile

具有专门气动外形的叶片剖面。

液态水含量
liquid water content, LWC

空气中液态水的集中度,由每立方米空气中多少克水来表达。

液压介质
hydraulic fluid

液压介质是指在液压机构中实现能量转换的介质,常见的液压介质包括矿物油、水等。

液压伺服机构
hydraulic servo mechanism

以液压为能源,随输入信号的变化进行功率放大而去驱动某一控制对象的机构。

液压执行机构
hydraulic actuator
把液体压力能转换为机械能的装置。

一般可能的
remote
在装有该型发动机的飞机总使用寿命期内，可能会发生，发生的概率通常为 $10^{-3} \sim 10^{-5}$ 次/发动机飞行小时。

一般目视检查
general visual inspection，GVI
为查找明显的损伤、故障或缺陷而对内部、外部区域、安装件或组件进行的目视检查。

仪表
instrument
使用内部机构以视觉或听觉方式显示航空器或航空器部件高度、姿态或工作状况的设备。它包括自动控制航空器飞行的电子设备。

移动整流罩
translating cowl
反推整流罩外可移动的部分，在反推工作时使用。

易燃
flammable
炽热的油类和易挥发的液体蒸气、粉尘，遇到火花或明火时，能突然起火的能力。

易燃材料
flammable material
在取出着火源后能继续燃烧 10 s 以上的材料。

易燃液体点火源
flammable fluid ignition source
预期会在飞机飞行和环境条件下产生的一种热源，它有足够的温度和能量点燃易燃液体。

易燃液体泄漏区
flammable fluid leakage zone
易燃流体泄漏区是指可能出现易燃流体泄漏及易燃物质存在的区域，但这些区域内不含着火源。

引气
bleed air
从涡轮发动机的压气机或动力装置中引出气体。

引气系统
bleed air system
安装在发动机上，与压气机部件相连，从压气机某级获得引气，并通过压力、温度调节后，为飞机系统提供所需气源的系统。其中与高压压气机连接的称为高压引气连接，绝大多数发动机的高压引气连接位于高压压气机的最后一级或最后几级中的某一级。

引伸计
extensometer

用于测量线性应变的一种装置。

迎角
angle of attack，A/A

旧称攻角。指机翼的前进方向与翼弦的夹角，或者当机翼置于均匀流中时均匀流的方向和翼弦的夹角。

应变
strain

在外载或温度、湿度等其他因素作用下，物体尺寸或形状相对于其初始尺寸或形状每单位尺寸的变化量，应变是无量纲量，但经常用 in/in、m/m 或百分数表示。

应变片
strain gauge

电阻应变片的简称。能将结构表面上局部应变转换成电阻变化的敏感元件。

应力
stress

物体内某点处，在通过该点的给定平面上作用的内力或内力分量的烈度。应力用单位面上的力（lbf/in^2、

MPa 等）来表示。

应力集中
stress concentration

应力在局部范围明显急剧增大的现象。

应力松弛
stress relaxation

在规定约束条件下，固体中应力随时间的衰减。

应力-应变曲线
stress-strain curve

一种图形表示方法，表示应力作用方向上试件的尺寸变化与作用应力幅值之间的相互关系。一般取应力值作为纵坐标（垂直方向），而取应力值作为横坐标（水平方向）。通常用符号 $\sigma-\varepsilon$ 表示。

硬 α 及高硬缺陷
hard alpha or high interstitial defect，HID

一个间隙稳定的 α 钛金相区域，其硬度显著高于周围材料，起因于非常高的局部氮、氧或碳集中，增加了 β 钛金相密度、产生高硬度，导致高脆性并产生 α 相。此缺陷通常会导致裂纹，也通常称作 I 类缺陷、低密度夹杂物（LDI）或者硬 α。

硬度
hardness

抵抗变形的能力。通常通过压痕来测定硬度。标准试验形式有布氏（Brinell）试验、洛氏（Rockwell）试验、努氏（Knoop）试验及维氏（Vickers）试验。

硬检测
hard detect

可以被主动检测到的失效。

硬时检测间隔
hard time inspection interval

自最新或上次的检测之后，根据持续适航文件（ICA）适航限制章节（ALS）的要求，转子部件必须可检并接受检测，这两次检测期间发动机循环的次数即为硬时检测间隔。

有毒物质
toxic product

当人暴露其中时，对人有作用或影响的物质。

有限差分法
finite difference method

用差商代替微商而求微分方程的近似解的数值方法。

有限体积法
finite volume method

以网格单元体为控制体，由单元体变截面上的矢通量总和代替单元体积中的总散度项，将积分形式的守恒型控制方程组化为未知函数在各单元空间平均值的时间一阶积分方程，再对该方程进行时间推进求解的方法。

有限元法
finite element analysis，FEM

又称有限单元法。一种在分析弹性连续应力和位移分布中提出的数值计算方法。对结构进行离散，在每个单元内采用假设的近似函数来表示待求的未知场变量，通过与原结构模型等效的变分原理或加权余量法，建立微分方程，并通过数值方法进行求解的方法。

有限元分析
finite element analysis，FEA

把产品分解成简单单元，以便利用仿真技术确定产品中存在的机械应力，并可作为评估设计承受热和机械应力能力的一种可靠性分析方法。

余度
redundancy

又称冗余。为完成一项给定的功能而有多种独立的方法，每种方法都可以完成该功能。

雨
rain

液体水滴状态的水，就发动机试

验而言,通过自然产生或通过喷嘴喷洒水产生。

雨含量

rain content

空气中以雨形式存在的水的含量,单位为:雨(g)/空气(m³)。

预混燃烧

premixed combustion

燃料和氧化剂均匀混合后的燃烧。

预期运行条件

anticipated operating condition

考虑到航空器所适宜的运行,从经验中获知或在航空器使用寿命期间可合理想象会发生的条件。所考虑的条件与大气的气象状况、地面形状、航空器工作情况、人员效率和影响飞行安全的所有因素相关。预期运行条件不包括:

(1) 可以由操作程序有效避免的极端条件;

(2) 极少发生的极端条件,以致要求在这种极端条件下符合标准,将使适航标准高于经验证实属于必要和实际可行的标准。

原发失效

primary failure

不是由于之前其他零部件或系统故障造成的零部件失效。

远场噪声

far field noise

离开声源一定距离以外,声源分布状况对任何观察位置的噪声大小不产生明显影响时所测量或计算的噪声。

运行

operate

对于航空器来说,为了航行(包括驾驶航空器)的目的而使用、导致使用或准许使用航空器,无论是否对其具有合法控制权(作为所有权人、租用人或其他人)。

运行转速范围

operating range of rotational speed

物理转速及换算转速(如适用)达到并涵盖了 CCAR 33.7 规定的额定转速及限制转速。

运转所必需的附件载荷

accessories necessary to run the engine

附件齿轮箱上的负载提取只维持发动机操作,无用户功率提取。

运转所必需的引气

bleed air necessary to run the engine

引气为发动机内部冷却所用,无飞机引气。

Z

载荷
load

作用在物体或结构上的外部力学因素。

载荷-时间历程
load-time history

飞机在使用中所受载荷随时间变化的全过程。

载荷系数
load factor

特定载荷与航空器的质量之比。前者以空气动力、惯性力或地面反作用力表示。

暂时功率损失
temporary power loss

发动机在遭遇结冰环境期间发生的功率或推力的下降或损失。这可能与吸入过冷液滴或冰晶有关,或者与发动机流道内的积冰有关。

早期 ETOPS
early ETOPS

早期 ETOPS 指在预期要按 ETOPS 进行合格审定的飞机-发动机组合在尚未得到非 ETOPS 使用服役经验的情况下获取 ETOPS 型号设计批准。

早期故障
early life failure

产品在寿命的早期,因设计、制造、装配的缺陷等原因发生的故障,其故障率随着寿命单位数的增加而降低。

噪声
noise

声强与频率变化呈无规律的声音的随机组合。它具有声波的一些特性,波形图是非周期性无规律的曲线。噪声强度用声压级表示,其单位为分贝(dB)。通常噪声可分为机械性噪声、空气动力噪声和电磁噪声等。航空器的噪声源主要有发动机工作时产生的机械噪声和气动噪声,航空器飞行时由于表面气动边界层压力起伏而引起的气动噪声。

责任审查部门
responsibility certification department

指责任审定单位指定的负责完成型号合格审定项目具体审查任务的机构。针对特定的型号合格审定项目,责任审查部门一般为各适航审定中心和各地区管理局适航审定处(含新疆地区管理局适航处)。

责任审定单位
responsibility certification organization

负责具体型号合格审定项目证件申请受理、颁发和管理的单位。按中国民用航空局(CAAC)制定的《民航局、地区管理局及其安全监督管理局行业管理职责分工表》,适航司为正常类、实用类、特技类、通勤类、运输类民用航空器型号合格审定项目的责任审定单位,民航各地区管理局为本地区载人自由气球、特殊、初级和限用类民用航空器型号合格审定项目的责任审定单位。

增压比
pressure ratio

简称压比。压气机出口总压与进口总压之比。

增压油箱
pressurized oil tank

增压油箱是指油箱内压力高于环境压力的油箱。

展弦比
aspect ratio,AR

影响由机翼产生的升力和阻力的因素。展弦是翼展(翼尖到翼尖)和平均翼弦的比值。

着火危害
fire hazard

易燃液体、蒸气或其他物质无意排放或聚集,导致火区产生无意火源的失效或故障,暴露在火中或持续的、非自熄灭的火焰导致的潜在危险状况。

着火危害区
fire hazard zone

对飞机动力装置内火区、易燃区、火源区的统称。

振动
vibration

由发动机、部件、系统或组件表现出的振动特性及动态现象。

振动信号测量
vibration signature survey

在持久试验前后进行的振动测

量,安装在发动机机匣上测量振动数据的加速计记录振动幅值作为发动机转速的函数。

整流罩
fairing/cowling

飞机上用来为凸出物整流以减小气动阻力的专门外罩。它通常位于机体各部分交界处或凸出机体外形的构件处,起减少气流相互干扰、遮挡连接间隙的作用。

正常工作压力
normal working pressure

正常工作条件下可能出现的最大压力差。其中包括阀门或喷孔正常操作导致的压力脉动。

正排量泵
positive displacement pump

也叫容积泵,是指利用泵缸内容积的变化来输送液体,即每工作循环排出的流量恒定(the volume is constant through each cycle of operation),排出量不随负载变化而变化的泵。此类泵依靠工作元件在泵缸内作往复或回转运动,使工作容积交替地增大和缩小,以实现液体的吸入和排出。正排量泵向外提供流量和压力;与之相应的负排量泵或抽吸泵,是指靠外部的压力和流量运转转动的泵。

发动机燃油系统中常见的齿轮泵、柱塞泵和旋板泵等都属于正排量泵,而离心泵则属于负排量泵。

证书管理
certificate management

保证生产批准书持有人保持与其有关的监管其特定产品的或物品生产的规章的一致性的方法。

政策程序手册
policy and procedure handbook, PPH

由 ISC 编制和批准的管理文件,包括各方职责、计划安排、分析方法(MSG－3)和表格要求等。ISC、航空器制造人、航空器运营人和 MRB 成员依照此文件编写和审议 MBRB 建议书。

直接目视检测
direct visual testing

检测人员眼睛到被检测物体的光学路径无中断,检测时眼睛与检测面的距离不大于 60 cm(约 25 in),且与检测面的角度不低于 30°的目视检测。

直接效应
direct effect

由于闪电通道直接附着而造成的航空器和(或)电气电子系统的任何物理损坏。这包括航空器表面和(或)结构撕裂、挠曲、燃烧、汽化或碎裂及损坏电气电子系统。

直升机
helicopter

一种凭借一个或多个轴向垂直的由动力驱动的旋翼依靠空气反作用力飞行的重于空气的航空器。

指定火区
designated fire zone

通用的火区定义为的一般定义是包含点火源的易燃流体泄漏区域,这些区域由于同时存在点火源与易燃流体,具有较高的着火风险。而 CCAR 23.1181、CCAR 25.1181 及 CCAR 29.1181 对动力装置的火区划分出了指定区域,对这些区域进行了明确的防火要求,称为指定火区。

指令
directive

书面信息或颁布信息,这些信息有如下作用:

(1)描述或制订政策、组织、方法或程序;

(2)规定职责和权限;

(3)要求采取行动;

(4)包含有效地管理或操作局方活动所需的信息。

指示高度
indicated altitude

任何高度表指示的高度。使用压力高度表或气压高度表时,指示高度由未修正仪表误差和未补偿标准大气条件偏差的读数所指示的高度。

指示空速
indicated airspeed,IAS

显示在航空器总静压空速表上的航空器速度,已按海平面标准大气绝热压缩流校准,但未修正空速系统误差。

制造符合性
conformity

指民用航空产品和零部件的制造、试验、安装等符合经批准的设计。

制造符合性检查
conformity inspection

在航空器符合性验证实施过程中,审查组为了确认所制造的产品符合其经批准或预批准的工程设计图样、软件要求和工艺规范情况所进行的检查。

制造符合性检查记录
conformity inspection record

制造符合性检查代表或委任制造检查代表用以记录试验产品和试验装置制造符合性检查结果的表格之一。

制造符合性检查请求单
request for conformity

工程审查代表或委任工程代表

请求制造符合性检查代表或委任生产检验代表进行制造符合性检查,委托委任制造检查代表或其他工程审查代表及委任工程代表代替其进行目击验证试验所用的请求单,是制造符合性检查代表进行制造符合性检查和目击验证试验的依据文件之一(另一依据文件为型号检查核准书,简称 TIA)。

制造符合性声明
statement of conformity

按《民用航空产品和零部件合格审定规定》(CCAR-21 部)第 21.33 条和第 21.53 条的要求,申请人对试验产品和试验装置进行了制造符合性检查、认为试验产品和试验装置满足制造符合性要求、在提交型号合格审定审查组进行验证试验时和型号合格审定审查组进行制造符合性检查前向型号合格审定审查组提交的书面声明。制造符合性声明是申请人用以表明并保证试验产品和试验装置符合型号资料并处于安全可用状态的文件。

制造计划
manufacturing plan

确定专门的零部件加工工艺限制的计划。这些限制必须包含于加工定义(图纸、程序、技术要求等)中,以确保能够一致地生产出具有工程计划所

要求属性的所有发动机限寿件。

制造缺陷
manufacturing anomaly

与表面相关的缺陷,由加工(继热处理之后)过程导致的,在限寿转动件的服役期内,认为该过程对其结构完整存在潜在的危害。

质量保证系统
quality assurance system

企业以保证和提高产品质量、满足合同要求和使用需要为目标,运用系统的概念和方法,把质量管理各阶段、各环节的质量管理职能组织起来,形成一个明确任务、职责、权限,相互协调,相互促进的有机整体。

质量控制资料
quality control document, QCD

按民用航空规章对质量控制系统的要求所建立的、局方可以接受的资料,包括制造人及其供应商制造产品和零部件所需的方法、程序、工艺、检验、试验、规范、图表、清册和表格等。

质量逃逸
quality escape

指不符合适用的设计参数或质量系统要求,不受质量系统管理的产品或项目。

置信度
confidence coefficient

给定陈述正确的概率或实际值处于两个置信极限之间的机会。置信极限是达到给定正确概率的数据范围。

中断起飞
aborted takeoff/rejected takeoff

飞机在起飞过程中遇到意外情况不宜起飞而采取的紧急措施。

中国民用航空规章
China Civil Aviation Regulations, CCAR

由国务院负责管理民用航空活动的行政机关——中国民用航空局（CAAC）制定、发布的涉及民用航空活动的专业性规章。中国民用航空规章具有法律效力，凡从事民用航空活动的任何单位和个人都必须遵守中国民用航空规章。

中国民用航空局
Civil Aviation Administration of China, CAAC

是中华人民共和国国务院主管民用航空事业的由部委管理的国家局，归交通运输部管理。

中间连续功率/推力
intermediate contingency power/thrust

以起飞后非限制时段内一套动力设备失效或关车时的性能数据确定的功率/推力。

重点检测
focused inspection

检测员按照一些特定的程序指示，对特定关键特征重点关注并实施检测。

重心
center of gravity

物体或刚性结构的平衡点。

轴系
shaft system

轴系是指在做功部件（如涡轮）和耗功部件（如风扇、压气机）之间传递扭矩的部件系统。尽管轴系主要传递扭矩载荷，其组成包含了为实现该功能所必需的所有转动零件，无论该零件自身是否传扭，因此轴系至少包括以下零件：驱动轴、齿轮、齿轮箱、转子悬臂、端轴、轮毂等。

主动间隙控制
active clearance control, ACC

用于主动控制发动机叶片叶尖间隙的装置。

主控制模式
primary mode

发动机处于正常运行下的控制模

式,又称为正常控制模式。

主系统
primary system

最有可能影响经批准的设计资料完整性和产品质量的活动或功能的系统。

主要部件
major part

部件的故障会对装置的整体运行产生不利影响。

主最低设备清单
master minimum equipment list, MMEL

局方确定在特定运行条件下可以不工作并且仍能保持可接受的安全水平的设备清单。主最低设备清单包含这些设备不工作时飞机运行的条件、限制和程序,是运营人制定各自最低设备清单的依据。

专项合格审定计划
project specific certification plan, PSCP

将申请人的审定计划(CP)信息和责任审查部门的审定项目计划(CPP)信息结合在一起并考虑了具体审查项目特有信息的计划。

专用条件
special condition, SC

针对提交进行型号合格审定的民用航空产品,由于下述原因之一使得有关的适航规章没有提供适当的或足够的安全要求,由中国民用航空局适航司制定并颁发的补充安全要求。

(1)民用航空产品具有新颖或独特的设计特点;

(2)民用航空产品的预期用途是非常规的;

(3)从使用中的类似民用航空产品或具有类似设计特点的民用航空产品得到的经验表明可能产生不安全状况。

转场飞行
ferry flight

为将航空器返回基地或飞往和飞离维修基地的飞行。在某种情况下,按照特许飞行进行转场飞行。

转子
rotor

转子是风扇、压气机或涡轮转子组件上独立的一级,而转子组件是指通过螺栓连接或焊接等方式将转子组合在一起。

转子不平衡
rotor unbalance

高速旋转时转子不平衡产生的离

心力将激起垂直于转轴的横向振动，其频率等于转子的转速。它是发动机振动的主要来源。

转子锁定装置
rotor locking device

转子锁定装置是一种用于在发动机停车后阻止转子转动的机械装置。

转子完整性
rotor integrity

转子能够承受的 CCAR 33.27 超转条款中定义的超转情况。

撞击极限
impingement limit

水撞击在物体表面的最远位置，是确定防冰范围的重要依据。

准稳态
quasi-steady

当发动机在稳态工作线上工作时，对其施加瞬态干扰，以至于在试验设备的状态受到干扰之前确定瞬态对发动机的影响。

咨询通告
advisory circular，AC

适航审定部门下发的对民航规章所作的具体阐述和推荐的符合性方法，不具有强制性。

自动恢复系统
auto-recovery system

在无操作员的人工干预条件下，也能确保发动机在干扰（即功率损失或失速）发生之前或者之后瞬时能够安全运行的发动机系统。自动恢复系统通常包括自动再点火系统、失速恢复系统，以及其他用来在发生熄火、喘振、失速或这些情况的组合之后恢复发动机操作性的发动机系统。

自燃温度
auto-ignition temperature

易燃蒸气和空气混合物在正常的没有外部点火源（如火焰或火花）的大气中均匀加热时会自发点燃的最低温度。

自适应网格技术
adaptive grid technique

在求解过程中，根据每一步的数值解生成与该解的物理特性相适应的网格的一种动态网格生成技术。

自由振动
free vibration

受到某种干扰的弹性物体，当干扰力消失以后，由物体本身的弹性恢复力、惯性力和阻尼相互作用产生的振动。

总温
total temperature

环境温度加上动压头导致的温升。对于采用试验台进行的结冰试验,发动机进口总温等于 CCAR - 25 部附录 C 规定的云层静温与假设的飞行空速导致的温升之和。

总压
total pressure

旧称全压。又称驻点压强。流动流体内某给定点上静压和动压之和,是气流等熵地滞止到速度为零时的压强。

阻力
drag

作用于飞机上的空气动力合力在平行于飞行方向上的分量。阻力可分为摩擦阻力和压差阻力。压差阻力又分为黏性压差阻力(黏性引起)、诱导阻力(尾涡引起)和激波阻力(激波引起)。阻力还可按是否同时存在升力而分为零升阻力和升致阻力。

阻尼
damping

变形运动过程中使系统能量的耗散的特性。

阻燃
flame resistant

移去火源后不会燃烧到使火焰蔓

延超出安全限度的程度。

组合失效
combined failure

组合失效是指任一部件或系统失效并和飞行前例行检查中或正常飞行使用期间一般不予以检测的部件或系统发生任一故障相组合。

组件
component

一个自身含有硬件部件、软件、数据库或其组合(的构件),且受配置管理的控制。

最大反推力
maximum reverse thrust

对于每个申请型号合格证的发动机,发动机使用反推力装置时的预期最大推力的数值。

最大改航时间
maximum diversion time

运营人的延程运行当局针对一个航班批准的最长改航时间,用于延程运行航路计划。在计算最大改航时间时,假设飞机在标准条件下静止大气中以一台发动机不工作的巡航速度飞行。

最大工作压力
maximum working pressure

最严苛工作状态下(例如前飞速

度、海拔高度、环境温度、转速和 OEI
额定值)的最大压力差。其中包括阀
门和喷嘴在正常工作下导致的所有压
力脉动,如显著的堵塞压力。

最大可能压力
maximum possible pressure

使用中相关部件或控制系统失
效,或各种可能的失效组合导致的最
不利使用条件组合(例如前飞速度、海
拔高度、环境温度、转速和 OEI 额定
值)下可能导致的最大压力差。需要
考虑正常或紧急情况下控制元件和阀
门的所有压力脉动,包括显著的堵塞
压力。

最大连续推力
maximum continuous thrust, MCT

最大连续推力是飞机对发动机提
出的连续状态下的最大推力。

最大零油重量
maximum zero fuel weight

受飞机强度和适航标准限制的,
是使用空机重量加上最大商载,无可
用燃油的最大重量。

最大起飞重量
maximum takeoff weight, MTOW

又称最大松刹车重量。受飞机强
度和适航标准限制的最大重量,即在
起飞滑跑开始时的最大重量。

最大允许转速
maximum permitted rotational speeds

发动机红线状态的一种,是指发
动机在所有经过局方批准的功率状
态(包括过渡态)工作时都不能超过
的最高物理转速。该转速限制值需
要在型号合格数据单(TCDS)中进行
规定。

最大允许转速、燃气温度、输出轴扭矩(参见"红线状态")
maximum permissible speed, gas temperature, output shaft torque (see also "redline conditions")

在运行中,包括瞬态情况,不超出
任何适当的额定值的最大物理转速、
燃气温度或输出轴扭矩。这些限制也
指每型批准的发动机型号审定数据单
(TCDS)中描述的红线转速、输出轴扭
矩及燃气温度。

最低设备清单
minimum equipment list, MEL

运营人依据主最低设备清单并考
虑到各飞机的构型、运行程序和条件
为其运行所编制的设备清单。最低设
备清单经局方批准后,允许飞机在规
定条件下,所列设备不工作时继续运
行。最低设备清单应当遵守相应飞机
型号的主最低设备清单或者比其更为
严格。

最高极限工作温度
maximum extreme temperature

发动机部件的属性之一。当发动机部件运作时,其周围环境温度不得在任何时刻高于其最高极限工作温度,否则该部件将有发生故障和失效的风险。

最高正常工作温度
maximum normal temperature

发动机部件的属性之一。当发动机部件运作时环境温度不高于其最高正常工作温度时,该部件可持久有效地运作。

最关键转子级
most critical rotor stage

最关键转子级也可称作承受最关键应力的转子级,是指发动机各单元体中破裂裕度最小的转子级。

最小冰片尺寸
minimum ice slab dimensions

吸冰试验最小吸入冰的数量和尺寸将由表 3 中的发动机尺寸确定。根据发动机短舱唇缘面积进行插值,从而得到吸冰限制值尺寸和质量。

表 3　最小冰片尺寸与短舱唇缘
面积对照表

短舱唇缘面积/m²	厚/mm	宽/m	长/m
0~	6.35	0	0.09
0.05~	6.35	0.15	0.09
0.19~	6.35	0.30	0.09
0.45~	6.35	0.30	0.12
1.81~	8.89	0.30	0.22
3.23~	10.92	0.30	0.28
4.52~	12.7	0.30	0.32
5.10~	12.7	0.30	0.34
6.13~	12.7	0.30	0.37
7.29~	12.7	0.30	0.40
8.58~	12.7	0.30	0.43
10.65~	12.7	0.30	0.48
12.90~	12.7	0.30	0.51

参考文献

郭博智,陈迎春.2011.商用飞机专业术语[M].北京:航空工业出版社.

中国民用航空局.2011.CCAR25‐R4 航空发动机适航规定[S].

中国民用航空局.2011.CCAR33‐R2 航空发动机适航规定[S].

《可靠性维修性保障性术语集》编写组.2002.可靠性维修性保障性术语集[M].北京:国防工业出版社.

European Aviation Safety Agency. 2015. CS‐E Amendment 4, Certification Specifications and Acceptable Means of Compliance for Engines [S].

Federal Aviation Administration. 2016. 14CFR Part 1 Airworthiness standards; Definitions and Abbreviations [S].